北大园林 1

建筑与庭园 红砖美术馆

败壁与废墟

增订版

董豫赣 著

同济大学出版社·上海
TONGJI UNIVERSITY PRESS · SHANGHAI

光 明 城
LUMINOCITY
看 见 我 们 的 未 来

目 录

第
一
章
　
作
为
造
型
的
废
墟

1 庸俗的对话

红砖美术馆将竣，计划秋初首展，四五月间，陆续就有艺术家前来勘察场地，据说国籍不一，对美术馆的空间感受，却有一致溢美，我有些汗颜的自得。

两三年前，美术馆刚抢建出外观，同行的两位建筑师，就先后对它表示了失望与庸俗的评价，使用者与建筑师的分歧，由来已久，我却对此颇感困惑。

这两位同行，至今也没进过这幢建筑，也都没见过我设计的图纸，我想知道，仅凭以车行的速度一瞥它的外观，他们如何就得到庸俗或失望的建筑印象？

五月底，因赶乘清华的大巴，车上遭遇周榕教授，照例问我最近在忙些什么，我照例回答为红砖美术馆忙碌；他照例询问是否是一号地那个大红砖房，我照例回答是；他照例嘿然一笑，照例直率表达了他的看法——真没想到你会设计出这么庸俗的建筑，这一次，我没再追问这评价的由来。

他或许不记得，两年前我们相遇，几乎同样的对话。那时，我还有兴趣追问他庸俗评价的缘由，那时他的回答是——我简直难以相信你会又设计一个红砖房子（图 1-1）。我明白他指的"又"，是针对之前建成的"清水会馆"（图 1-2），却忍不住问他那怎么就俗了呢？当时的他，顾左右而言他，连曾经坦率透彻的优点也不见了。

1-1　　　　　　　　　　　1-2

2 失望的创造

我猜周榕说它庸俗，与彭乐乐对它失望的线索一致。后者是位职业建筑师，她的直率不亚于周榕，且愿意回答我的追问。她说曾开车路过一号地，看见它巨大的红砖体量时，就疑心是我设计的，在得到肯定答案时，她异常明确地表示了失望。

你进去了吗？

没有。

那你失望什么？

你怎么会设计出一幢能让我认出是你设计的建筑？

你是说它与清水会馆很像？

她想了想，摇摇头说：

那倒不是。但我还是认出是你设计的，我对你居然会重复自己的风格而深感失望！

基于多年的交情，我以苛刻的类比方式反问她——如果你一母同胞的两个孩子完全不同，你对此会很感兴趣吗？如果你都认不出他们是你生出来的，你老公会对此满意吗？

我随后的愤怒追问如洪——你不是喜欢苹果电脑嘛，如果新一代造型与前一代全无关系，你一定知道那连山寨版都不是；你不是喜欢密斯的建筑吗，密斯的一系列房子，如果挨个看，或者跳跃几十年看，它们都还像是孪生兄弟；你不也喜欢柯布西耶的建筑吗，如果挑一个时间段看，它们之间也有着相当的连续性，那些以萨伏伊别墅与朗香教堂的巨大差异佐证柯布独创性的人，常常无法辨识哈佛大学卡朋特视觉艺术中心与印度艾哈迈德巴德棉纺织协会总部大楼的造型差异，尽管它们都是柯布本人先后设计的。最后，回到当代建筑，看看被周榕极度膜拜的西扎的作品——他或许已改变了膜拜对象——西扎的一个住宅与他随后的一个教堂，几乎共享了路斯的斯坦恩住宅的立面，看不出西扎作品系列中连续性的人，要么是对西扎语焉不详的迷信，要么是难以忍耐对其间演变时光的检视考验。

这可能正是中国建筑"肌无力"的创造营养来源，或许还是中国建筑理论废墟的水土现状。为了获得快捷的建筑独创性，建筑师设计的任何一件作品，既不能与之前的实践作品有所关联，也无法以理论方式指引下一幢建筑。

3 创新的创伤

我的愤怒里包含了不耐。当年组织清水会馆访谈时，《建筑师》杂志的副主编李东难以理解清水会馆里显示出的康的影响，我当时就辨析过独创性对建筑界的戕害，我们一边津津乐道于建筑界的谱系知识——譬如柯布受过路斯的影响，阿尔托受到过柯布的影响，而西扎则受到路斯与阿尔托的双重影响，同时，却难以容忍身旁建筑师受到的类似影响。如今，我们竟不能容忍自己的上一件作品对下一件作品的影响。

核心杂志的专业主编、顶级大学的授业教授、小有名气的职业建筑师，在此问题上的空前一致，让人沮丧。我后来发现，独创性的流毒更为广泛，经常谈及超越自我的学生，总是那些还不能认识自我的学生；经常将独创性挂在嘴边的建筑师，总是那些无力区别创造与怪异的建筑师；有位北大教授试图另辟学术蹊径——他总在发誓要做得与别人不同，这条捷径，当年就遭遇到引领美国建筑与景观独创性的赖特的讥讽——因为无力创造，只能追求不同。

关于建筑的独创性，卒姆托认为，只有很少的建筑问题，还没找到有效的解决方法，并指出——正是那些强调独创性的当代建筑师们，他们要么热衷于发明已被发明之物，要么妄图发明那些无法发明的东西；而西扎，则言简意赅地指出："根本没有什么创新，建筑师只是改变了现实而已。"这是一条值得警醒的谶语，改造现实，结果有利有害。

口头创新的庸俗教条，如今正在成为创伤现实的利器。

4 掷出的造型

当年与周榕交往频繁时，我曾数次要求参观他建成的不俗建筑，他却总以各种理由搪塞我，或许他还在数十年磨一剑，也可能还同时磨了许多把，但在出剑惊人之前，恐怕他一把也不肯亮给我看。

好在我有机会去宋庄，参观彭乐乐建成的一系列功能相似的艺术家工作室，以考察她如何让自己的作品间难以识别。她只肯带我参观其中的四件，其中三件作品造型之差异，确实不像一位建筑师陆续设计出的系列作品，有一件以材料开始——将一幢房子分成四个体量，分别以木头、砖头、玻璃、水泥为面材；另一件则从表皮效果着手——用她张开的手掌为模的空心砌块覆满整个建筑的沿街立面；还有一件则从室内高差着手——螺旋变化的高差可以围绕画室空间一圈。材料、表皮、空间，这些都是十几年来此起彼伏的建筑起点，我对这些起点的差异毫无兴趣，却惋惜她的每个概念，都没能在下一件作品里有所反映，因此，它们的优缺点之间，几乎没什么可见的关联。

我感兴趣的第四件作品，是她为自己设计的住宅工作室，其风格也不同于上述三件，我直觉地将它描述为密斯的范斯沃斯住宅与西泽立卫的森山邸的杂交体（图1-3），这虽引起她强烈的不满，我却认为这是多数建筑师从事设计的常规手段，如果耐不住格伦·莫卡特那样终身只受密斯持续性影响的寂寞，人们就会在不同阶段选择不同建筑师的不同作品吸收营养。我对前一种方式比较信任，它能担保建筑的持续质量，却对后者始终持有警惕，因为它类似掷骰子，建筑的质量，随机波动将很大。而这一次，彭乐乐设计的临湖工作室，显然掷出了两个好点子。她将密斯式的大玻璃盒子（图1-4），退到湖岸背后的高台上，而将西泽式的离散小盒子置于临湖低地（图1-5）。环顾湖泊周围的众多同类建筑，彭乐乐的临湖建筑处理，显然最为得当。玻璃盒子退隐于湖岸背后隐隐绰绰，而近岸盒子的离散处理，则降低了对湖岸风景的体量压力，这本是原广司在西泽的森山邸里发现过的秘密——它们离散的体量，因为比周边传统民居还要琐碎，有效降低

了对都市景观造成的压力。

而我还希望了解，西泽本人是如何推演出这种离散的盒子造型的。

5 推衍的造型

按西泽的说法，森山邸来自对西方公寓设计常规的厌倦——它强行要求将大小不同的功能房间塞入一个完整体量里，西泽走向了公寓设计的反面——将公寓里的不同房间，拆解为基地上各自独立的大小盒子，以此提出离散盒子的群

1-3

1-4

1-5

造型概念。

（1）考察西泽从妹岛工作室独立后的第一件作品——周末住宅（Weekend House）（图1-6），一群玻璃盒子以庭院方式，离散地分置在一个连续的大空间中，如果将这个大空间的边界，当作森山邸的基地边界，这些玻璃盒子，几乎等效于森山邸离散的群造型盒子，这是西泽作品一贯连续性的最初证据。

（2）三十年前，李允鉌曾比较过中西方建筑构成的差异模式——中国的庭院建筑以"幢"为单元，其构成模式是以庭院串联分栋的单体建筑；欧洲单体建筑以"间"为单元，其构成模式是小房间聚合成大建筑，因此，西方单体建筑内的单个"房间"，等效于中国院落建筑里的"单幢建筑"。西泽对常规公寓的分栋操作，类似于将西方建筑聚合的房间，拆散为庭院住宅里的单栋建筑群。它未必是西泽的构思思路，但能诠释西泽对森山邸建成后的奇特感受，他说它们有着——与其说是建筑，还不如说是房间的感受。

（3）森山邸与中国庭院住宅的差异是，它没有走廊。西泽随后就设计出一个酷似森山邸放大版的十和田美术馆（图1-7），并在离散的大小盒子间，设计出几条透明的连廊。西泽的老师妹岛，以走廊将打断空间连续性为由，将这件作品批评为半吊子。妹岛的老师伊东虽也对这些玻璃走廊表示不满，却意识到十和田美术馆与森山邸的盒子本身，都具备原型的适应能力——作为出租公寓，森山邸大小不一的盒子，能应对不同租户的不同个性要求；而十和田美术馆高低迥异的离散盒子，则对展品尺寸的悬殊，作出了提前的匹配预判。我猜，正是两者功能的差异，造成了有无走廊的差异造型，出租公寓间的散落租户，彼此间并不需要以走廊连接，而在美术馆里，如果没有走廊，观众如何能在雨天或享受空调的情况下，完成整个流线？在这种情况下，玻璃走廊是西泽选择的一种方式。

（4）赖特曾从日本的数寄屋里，发现了另一种选择方式——数寄屋分栋的建筑，多半以对角线方式角接，这既能保证它们无需穿越外部或走廊的空间，又能保证每个空间至少有三面向景观开敞的潜力，这种以对角线方式对接体量以向自然开敞的方式，就隐含在赖特设计的流水别墅里，关于对角线方式的环境能力，我曾在苏州沧浪亭的翠玲珑里见证过（图1-8）。

（5）或是巧合，或是自觉，自森山邸以来，西泽不断尝试以对角线方式对接盒子空间的多种实验。在富弘美术馆的竞赛方案里（图1-9），盒子间的对角线关系，成为空间连接的主题，其盒子看似任意角度的偏移，据西泽说是为了能从其中任何房间内，都可以观看湖水、庭院和绿化。而在与妹岛合作设计的东京城公寓，以及法国朗斯（Lens）小镇的卢浮宫朗斯分馆里，以对角线连接不同盒子，也成为这些设计共同的核心概念（图1-10）。如果苛刻地描述，妹岛本人后来独立设计的托莱多艺术博物馆的玻璃展览馆——如果将那些大小玻璃盒子的圆角变方——它们几乎也以对角线连接为核心主题。

6 废墟的观念

从森山邸与十和田美术馆之间，西泽还推演出第三条道路，并以 House A 呈现出来（图1-11），这一次的结果，不

但让妹岛满意而且嫉妒，她认为西泽在此发展出一类介于独立与连续之间的模糊空间。

西泽对它的描述，也在这条语境上，正是坚持尝试这种被妹岛抨击为装饰的体量组合，从森山邸到十和田美术馆，再到 House A，西泽终于获得他想要的各种灰度——介于角接与廊接的灰度、介于板状结构与箱体建筑之间的灰度、介于室内与室外之间的灰度。

他本人反复描述的是最后一项，他希望 House A 能给予人既非室内也非室外，或者既是室内也是室外的模棱意象。作为这类意象的延伸，西泽在他的对谈集里，三次提及他在意大利见到的废墟意象（图 1-12）：

> 墙壁由于是石造的，因此还残存着，不过木造的屋顶已经崩落，原本该是室内的地方变成类似中庭的空间，而隔壁则是原来真正的中庭，植物在当中茂密地生长着。雨水从上方就那样猛烈地落下……那是一种既非内部也非外部的空间，令人印象深刻的风景。

建筑坍塌为废墟，作为自然象征的植物或雨水将入驻建筑，废墟这一"既非内部也非外部"的模棱意象，或者说"既非建筑也非景物"的两可意象，被西泽视作"乐园般的空间"，并为建筑与自然共存的丰饶意象而感动。

7 废墟的园林

我嫉妒日本建筑师之间交流的丰沛度——议题明确而讨论细微，目标一致但途径不一。在如何看待人工与自然、透明与灰度、抽象与具象之间，妹岛和世、西泽立卫、藤本壮介、石上纯也他们都有着细微的差异途径，但在建筑与环境关系的议题上，他们异口同声地宣称，他们建筑实验的共同目的，就是要将建筑本身当作环境来进行思考。

在这个目标上，石上以 KAIT 工房里的 305 根柱子（图1-13），试图经营出介于具体与抽象之间的森林意象；在同一个目标上，藤本以 House N 相互嵌套的三层盒子（图1-14），

试图经营出"介于人工与自然之间"的灰度建筑——这幢住宅以树木穿墙越顶的方式，重现了西泽描述的废墟意象，沿着藤本也高度关注的废墟意象，他不但保持了与同代建筑师议题的横向脉络，往上也可纵贯矶崎新对废墟的前辈深情；沿着他以 House N 展开的喋喋不休的灰度讨论，他所宣称的独创性，不是基于独创的中断，而是基于线索的连接。往内，他连接了黑川纪章从传统檐廊发现的灰空间议题；往外，则

1-11

1-14

1-13

1-12

1-15

连接上文丘里为后现代提出的模棱美学。

基于对中国园林的多年关注，我对建筑与自然的关系议题也相对敏感。鉴于对中国当下将将这一议题以绿色或生态方式讨论的不满——我认为这是将自然降低为技术的反文化讨论——我才开始关注日本同行们对这一议题的思考向度，并期望能从中谋求一条适合自己践行的造园道路。

以西泽提供的废墟为线索，我记起矶崎新为筑波中心绘制的废墟效果（图 1-15），也记得那幅废墟里完全没有相关自然树木的乐园意象，而全然是建筑坍塌后仅剩的诡异时间印记。再往前追溯，则是英国风景如画造园时期的废墟表现，它们也几乎同步地出现在西方自然风景绘画中。

为什么受中国造园影响而被誉为自然式的西方园林会迷恋废墟？为什么童寯承认凡尔赛宫几何园林的无比精美，却依旧断言它的荒蛮性？其几何造园的荒蛮性，是否也与自然式造园的废墟意象一脉相承？

这两种西方近代造园的典范，差异只体现在对自然物的造型处理上——将景物处理成几何模样称之为法国古典造园，将它处理成仿自然的不规则造型，则被命名为自然式造园。而就景物与建筑的关系而言，在这两种造园风格中，建筑都以封闭如城堡的一致方式面对景物——清华大学礼堂的封闭造型（图 1-16），与凡尔赛宫一样，都无关它们立面前的几何庭园景观，而作为自然式造园典范的斯托海德（Stourhead）园林，虽然模仿了中国园林的假山乃至洞穴，但它也只模仿到中国造园对地貌的改造部分，却无视中国园林里建筑与景物间的互成关系，斯托海德园林中点缀在自然景物中的那座亭子（图 1-17），其建筑与式样的封闭造型，一样可以视为清华礼堂的母本，它无关苏轼对空亭与景物间的涵纳关系——唯有此亭无一物，坐观万景得天全。

在这两种园林中，建筑造型的碉堡姿态，表示了它们对抗自然的一致习惯，它们都能验证黑格尔对西方造园的判断——比之于建筑学的悠久历史，西方古典造园在如何处理与自然相处的关系上，至今依旧是建筑学发育不良的景观小妹妹。在这个意义上，封闭如城堡的建筑，与坍塌为废墟的建筑，在如何提供与自然融洽相处的关系方面，都一样无能为力，都一样处于荒蛮性的自然文化当中。

8 造型与关系

带着这样的视角，我发现，日本当代建筑师虽关注自然与建筑的关系议题，却多半沿着西方景观的废墟道路往前踏。隈研吾在《自然的建筑》里奢谈自然与建筑的关系，并以负建筑的造型之名，区别西方建筑学传统的"胜"造型。按他本人在北京的一次对谈里的表述，西方建筑学将建筑置于与自然对抗的胜方，而隈研吾特意选择"负建筑"的"负"字前缀，正表示他愿意将建筑置于战败的负方，这是他本人的反造型宣言。可是，建筑为什么一定要与自然战斗？这真是他所宣称的东方建筑的传统自然观？

引发他思考这一问题的陶特本人另有发现。这位德国现代建筑先驱在桂离宫里发现的秘密，不是造型，而是关系——"这个奇迹的精髓在于关系的样式，就是将相互的关系幻化为建筑"。这是隈研吾在两本书里都引用过的陶特原文。建筑作为与自然的关系的媾和物，而非与自然对抗的造型物，无论在造型对抗中获胜或战败的任何一方，在他看来，显然都不能把握东方庭院的这一关系核心。

陶特在日本设计的建筑造型，因为试图描述建筑与景物的关系，其建筑造型，反而难以用相机拍摄全貌，这是隈研吾本人亲身体验过的。而隈研吾基于反造型而设计的安藤广

重美术馆，不但以造型的精美而著称，他在建筑前面刻意空出的大片空场（图 1-18），却似专为提供拍摄建筑整体造型所用，这正是巴洛克时期广场设置的缘由——为了观看建筑造型，从而确定广场适于观赏建筑的尺度。

在隈研吾另外设计的森舞台项目里（图 1-19），他为酷似范斯沃斯住宅的见所的造型进行辩护——范斯沃斯住宅将柱子贴在两块水平板外头，被认为代表了西方以垂直柱子强调出的强势造型，而由他本人设计的用以观演的见所，柱子退隐到两块水平板之间，这被认为是对东方水平性弱势造型的表现。这一区别相当勉强，即便从照片比照来看，见所与范斯沃斯住宅的差异也微不足道，倒是隈研吾并置的两幢建筑的檐口差异，值得深究——用于表演的舞台建筑，选择的是传统歇山屋檐的出挑尺度，屋檐远远超出下部架空的木地板，无论风雨，上部出挑的巨大屋檐，将庇护地板上发生的各种身体活动，人们甚至可以坐在雨天的地板上感受自然，即便将腿伸出，也仍能处于屋檐的风雨庇护中。相比之下，见所的屋顶，出挑虽然更加深远，但它与下部地板相差无几的出挑深度，使它很难在风雨中庇护其间的自然生活，雨水将随风溅上地板，轻易就将人们挤入玻璃盒子中，这也是我在彭乐乐的那座大玻璃房子里的担忧——它出挑的屋檐檐口与架空的地板外沿，保持在可疑的抽象而虚空的同一垂直面上。

最近与王澍聊起这类檐口之事，他出示了一个来自西方现代建筑的例证——当他前往参观保罗·鲁道夫设计的耶鲁大学艺术馆时，瓢泼的大雨，顺着灯芯绒混凝土表皮的凹槽急淌，但建筑却没提供计成在《园冶》中描绘的"坐雨观泉"的诗意场所，人们只能冲入隐藏在体量凹缝深处的入口，凹缝上空却也没有设计雨篷，人们要么冲入建筑而无法感受自然的风雨，要么暴露在风雨中而无法得到建筑的庇护。体量的凹缝间不设雨篷的洁癖，我猜正如妹岛与伊东痛恨单体建筑间的走廊一样，它们都将破坏建筑造型的抽象与孤立的特

质，而鲁道夫为混凝土设计的灯芯绒竖条纹，或许也不是为了与自然发生挂雨成泉的媾和关系，而是为了在阳光下制造光影，在那些晴朗的时刻，人们户外凝视的不是建筑与自然的媾和关系，而是建筑造型自明性的耀眼光辉。

9 自然与造型

意味深长的是——西泽描述的废墟般的乐园，意象来自意大利，藤本将他的 House N 进行废墟化的描述，母本也是意大利的废墟。意大利早期的台地园林，因为择地之广，常常容纳了前朝的建筑废墟。这些废墟的造型，得自时间对建筑的摧毁，是建筑被流逝的自然打败后的负建筑结果。在这层意义上，隈研吾的负建筑，也可看成西方园林里的废墟造型物，而非东方园林里的关系媾和物。

日本当代建筑师，以日本传统的自然观，拓展了西方的造型之路，在为西方建筑学做出巨大的造型贡献同时，也全面丧失了对自然景物的核心关注。坂茂在长城脚下设计的家具屋，是他系列作品里最差的一件，中间那个面山的惨白庭院（图 1-20），抽象得如同工业浴缸。妹岛和世所迷恋的公园，核心指向乃是公园的公共属性，而非公园园林的自然属性，她为那座玻璃展览馆设计的一组空白的庭院（图 1-21），与日本传统庭院丰饶的意象相比，有些简陋的寒酸。西泽立卫虽将森山邸之间的缝隙称之为庭院（图 1-22），就庭院质量而言，它甚至不如彭乐乐对类似隙缝间的庭院的处理（图 1-23）。但这情有可原，西泽对建筑如何与景物发生关系之事，本就表示了明确的漠视。

西泽同意原广司的说法——越来越小的都市居住空间，

如果没有能向外流溢至身体感受的庭院，生活将难以想象。为了身体向着庭院溢出，西泽对小体量的建筑，采取了大窗户的操作手段，而对于如何在小体量上开设大窗洞的思考，他拒绝了通用于日本庭园的开窗选项——俗则屏之，佳则收之，他认为这一按照环境关系的开窗方式，将使造型外观呈现出过于随机的结果，他认为这种游戏里没有任何本质的东西，因此他决定开设一种超越内外关系的超大窗户。

这里获得的本质又是什么？西泽否定了即景开窗的关系性游戏，从而担保了西方建筑学造型的内部逻辑——它只关乎窗的大小这些自明性的尺度问题。但是，大窗户到底应该多大？从建成照片上看，它没有大到密斯全透的极端，于是它变成相关建筑学内部的另一种游戏，在确定窗户多大，以及这些大窗户在墙上位置的经营时，他依旧需要某种推演游戏，它从何而来，最终又如何判断与定位的呢？

前者有迹可循，按照西泽与妹岛合作时的惯例——这也是当代多数日本建筑师的设计习惯，以排列组合的方式排列出最多的建筑可能性，而随后的判断或定位，则要求从可能性式样里筛选确定的答案。排列组合因属数学，很容易被中国建筑师学习，而对于在可能性罗列中如何获得最终判断，因其经验与直觉的要求，则难以学习。这关键的一步，就常常被中国的学习者省略，而将可能性本身当作自动涌现的价值进行吹捧。

1-23

1-20

1-21

1-22

第
二
章

作
为
关
系
的
败
壁

1 墙画的多样性造型

妹岛们对建筑进行排列组合的这类可能性演示，像极了20世纪70年代索尔·勒维特的一件装置，这位曾师从贝聿铭学习几何形建筑的艺术家，曾以一件名为《不完全开放立方体的所有变种》(*Incomplete Open Cubes*)的作品（图2-1），演示过单一几何形体的上百种可能性造型，这是以简单造型起点谋求多样性的常规手段。而在直觉进入之前，作品的多样性纯属数学客观，而观众如何能进入这种客观物里欣赏到某些人性的东西？

在这之前，索尔·勒维特曾以墙画（Wall Drawing）系列谋求过另一种多样性，并同时思考着如何剔除自我的主观性，以与观众发生互动关系。他首先在墙上画满均匀的网格线条，然后邀请观众们用线条填充不同的网格（图2-2），并给定一个原则——每条线必须接触四方格的两条边，以此方式，他获得了与观众合作的多样性造型——其间作者难以预知结果的可能性，一定会让当代那些迷恋可能性的建筑师们怦然心动。

2 败壁中的媾和关系

宋人邓椿在《画继》中记载的一类败壁余意，目的与方法，都与索尔·勒维特的墙画系列部分地相似：

旧说杨惠之与吴道子同师，道子学成，惠之耻与齐名，转而为塑，皆为天下第一。故中原多惠之塑山水壁。郭熙见之，又出新意。遂令圬者不用泥掌，止以手枪泥于壁，或凹或凸，俱所不问。干则以墨随其形迹，晕成峰峦林壑，加之楼阁人

物之属，宛然天成，谓之影壁。其后作者甚盛，此宋复古张素败壁之余意也。

郭熙也试图在山水画中剔除自我，并且也是以墙壁为起点，郭熙让工人手抓泥团往墙上自由投掷，将它掷为一堵凹凸不平的泥壁（图2-3），郭熙与索尔·勒维特的相似之处，仅在这类游戏行为本身，其真正的差异，却从这时就呈现出来——索尔·勒维特虽试图剔除主观，但却始终把持着制定规则的权利，它们始终控制着观众的创造；郭熙却对工人掷泥于壁这一行为的"俱所不问"，才真正剔除了自我的构图习惯。

随后的差异更加关键——索尔·勒维特将工人完成的作品当作完成的墙画系列，而郭熙只将工人完成的泥壁当成作品的起点，待其晾干后，他先用绢铺在这堵泥壁上，并用墨拓印凹凸不平的泥壁墨迹，待其干后则以墨随形，晕成峰峦林壑。

最后，画家在峰峦林壑间合适的位置所添加的楼阁人物（图2-4），这才显示出郭熙与索尔·勒维特在目的上的本质不同——后者剔除主观的目的，是为了获得非主观的多样性造型；郭熙的目的则更加深远一层——媾和自然山水与楼阁人物之间的关系，亦即山水首要的位置经营。而正是为了经营人工与自然的位置关系，郭熙才让工人制造了一堵泥壁，泥壁非我的自由，类比于自然山水非我的自由，郭熙之所以要制造一堵象征自然的泥壁，乃是需要一个先在的自然，以将人工建筑媾其间。

或许是强调对自然如影随形的关系影写，郭熙才将这堵败壁称之为"影壁"，并成为宋代以来对败壁多样性诠释的先声。

3 败壁中的自然方法

往岁小窑村陈用之善画，迪见其画山水，谓用之曰："汝画信工，但少天趣。"用之深伏其言，曰："常患其不及古人者，正在于此。"

这是宋人沈括在《梦溪笔谈》里记录的两位画家的对话，它始于宋迪对陈用之绘画的评价，宋迪认为后者的作品中有些画工匠气，从而缺少山水的自然天趣，陈用之对这一犀利的评价甚为折服，并表示愿意接受宋迪的教诲。宋迪随后的建议就从败壁开始（图2-5），其间牵涉到的自然，既是相关自然的山水景物，也是获得自然要义的绘画方法，我将这段文字分为三段，是为明确获得自然要义的三个关键步骤：

此不难耳，汝当先求一败墙，张绢素讫，倚之败墙之上，朝夕观之。观之既久，隔素见败墙之上，高平曲折，皆成山

2-5　　2-4

水之象。

心存目想：高者为山，下者为水，坎者为谷，缺者为洞；显者为近，晦者为远。

神领意造，恍然见其有人禽草木飞动往来之象，了然在目。则随意命笔，默以神会，自然境皆天就，不类人为，是谓活笔。

（1）**观察败壁**：败壁因自然天成，避免了人工匠气，它已然具备天然的天趣，观察败壁，即是观察自然，正如颜真卿之观察屋漏痕、怀素之观察流云。基于画家的身份，宋迪建议用素绢覆盖其上进行观察，日久天长，背后败壁上的高平曲折，析透在作为画布的素绢上，画面上将呈现出隐约的山水形象。这一步，达·芬奇在《绘画论》里也曾谈及，他也建议那些缺乏想象力的人们去观察败壁，他不但从中窥见山林，甚至还窥见了废墟，不同的是，达·芬奇建议将这些观察到的丰富形象，要么当作绘画的背景——类似于建筑学将自然当作配景，要么将它们当作某种造型素材的储备，它因此就缺失了宋迪下述相关匹配的核心两步。

（2）**心存目想**：这一步的要点，是心与象的匹配，将心里要谋求的山水意，投射到败壁隐约的山水象上，人之意、壁之象，媾和为共享山水的意—象单元，具体而言，败壁呈现的高—下、坎—缺、显—晦之物象，被山水意所设想，最终将二者媾和为山—水、谷—洞、远—近等如画的关系意—象。

（3）**神领意造**：山水意象一旦浮现，就需要有神会其间的身体想象，想象其间人禽草木飞动往来之象，然后笔随此意，神与意会，遂得"境皆天就"的山水景象。

4 宛自天开的造园步骤

这一败壁，实在是中国艺术里的重要意象，从这堵败壁的痕迹中，宋迪得到"境皆天就"的山水景象；从自造败壁的高低起伏间，郭熙找到了"宛然天成"的绘画方法；从败壁的隐约痕迹中，颜真卿看见屋漏痕中的书法之道；从败壁的凹凸大小的痕迹中，沈复则发现它正是咫尺山林

的中国园林。

基于建筑师的角色，我不能从沈复的童真之眼里得到安慰，毕竟沈复从败壁的凹凸间所见识到的山水意象，只能意会而不能观游，它只需有"园以意"的理想园主，而无需造园者的身心践行。基于对造园者的身份向往，我也不能用自然界的壮阔山水来鄙夷小巧的城市山林，毕竟，计成在面临"不可园"的"城市地"时，他不能只将自然山水作为非专业的游客理想，他还需将这一理想践入城市山林的造作之中，在他对园林"宛自天开"以及假山的"俨然嘉山"的要求里，"宛自"与"俨然"已确定了它们区别自然的人工属性，而在"天开"与"嘉山"的要求中，才是造园者对人工造物的自然向往。

计成相关造园的"宛自天开"的自然理想，正是郭熙对影壁山水"宛然天成"的自然理想，也是宋迪败壁山水的"境皆天就"的自然理想，他们之间也不只是对自然的一致理想，也有着近乎一致的自然方法。在各种相关败壁的山水启示文献中，我之所以格外偏爱郭熙提供的泥壁，是因为它提供了一种人工介入的类造园方法，他在平整的墙壁上让工人制造的类自然地势的起伏，类似于计成对"城市地"的首先改造，将平坦的基地改造为山高水低的山水地貌，他随后在基地上对亭台楼阁与地势间的位置经营，与郭熙在败壁凹凸出的峰峦林壑间经营楼阁人物如出一辙。

在《园冶》自序里，计成扼要地介绍了造园的要点，其经营园林的重要步骤，也与郭熙或宋迪的败壁方式几乎一致，为了将它与宋迪的败壁方式进行一一比照，我也将这段文字分为三段，以明确造园的三步骤：

（1）予观其基形最高，而穷其源最深，乔木参天，虬枝拂地——此可类比于宋迪的**观察败壁**。

（2）此制不第宜掇石而高，且宜搜土而下，合乔木参差山腰，蟠根嵌石，宛若画意——此可等效于宋迪的**心存目想**。

（3）依水而上，构亭台错落池面，篆壑飞廊，想出意外——

此可理解为宋迪的**神领意造**。

5 互成与自明的曲廊造型

对末尾记录的这条让人"想出意外"的"篆壑飞廊"，计成后来有过单独诠释：

> 古之曲廊，俱曲尺曲。今予所构曲廊，之字曲者，随形而弯，依势而曲。或蟠山腰，或穷水际，通花渡壑，蜿蜒无尽，斯寓园之"篆云"也。

曲廊如篆如云的意象，很有些"屋漏痕"的书法意象——怀素从夏云多变里，得到书法流云般的变化，颜真卿则从败壁痕迹中，得到"屋漏痕"的变幻启示。计成的曲廊如"篆云"般的造型变化，其形状的弯—曲变化，得自对地貌形势的追随关系——"随形而弯，依势而曲"，其建筑势态的高低蜿蜒，则得自对地势变化的媾和关系——"或蟠山腰，或穷水际，通花渡壑、蜿蜒无尽"。

这一意象，如今还能在拙政园西部的贴水长廊里得到复现（图2-6），这条分叉的长廊连接着三处景物——南部的"别有洞天"地势平坦、北部的"倒影楼"贴水而低、东北角的"见山楼"见山而高。为连接这些高低起伏的建筑与地势，长廊就不但曲折而且高低起伏，而它自身，不但跨过两处水流高差而拱起了一段起伏（图2-7），还因就合一株老木而地起高低，这些起伏为长廊带来的屋顶鸟瞰，确实如篆如云般变化莫测。正是人工物与自然地势起伏间的媾和关系，才为它们带来了造型的多样性变化，这一建筑与自然"相互借资"的方式，曾被我命名为"互成性"，以此来对照西方建筑造型的"自明性"。

可以比较这条长廊与妹岛和世设计的蛇形画廊（图2-8），后者的曲折近乎自明，而其高低起伏因为不藉由地势，就会从举手不可触之高处，忽然降至常人难以直立的高度。妹岛最近建成的劳力士学习中心（图2-9），外观上更接近拙政园的这条贴水长廊，但它在平坦的草地上的高低起伏，也只

是以建筑的自明方式所造成，它无关自然地势，或者它要模拟自然地势起伏的造型。它们与拙政园廊子起伏方式的差异，正是西方建筑学自明性与中国园林互成性的差异。

为了与自然微妙的地势变化进行更精微的互成性媾和，计成才罕见地提及了他对传统曲廊的改造——将"曲尺曲"（直角曲或圆形曲）改造为"之折曲"，以便让折廊对自然地貌的应和关系，变得更加柔软更加敏感。曲廊的如云造型，则是建筑与地貌相互媾和的关系产物，而非建筑自明的造型。

6 爆破法与撒骰子

沿着这条折廊造型的如云线索，可以引向两类完全相反的造型实验——几何与烟云，坚信单纯几何造型的艺术家，常常要经受多样性的魔鬼诱惑，与索尔·勒维特同时代的极少主义艺术家，有不少人忍受不了这一诱惑，最终从极端确定的几何造型操作，走向极端不定形的烟云实验。

沿着这条烟云造型的实验线索，可以评价蔡国强纸上火药系列的烟云山水（图2-10）。蔡国强在宣纸上事先撒出火药的大致形状，其造型或属对火药药性的经验，或属对将要

烧成形状的意象预判，这部分确定造型的工作，助手们都无法代替，他们所做的事，属于火药的技术部分，以及点燃火药后迅速用布将烟火扑灭，而在掀开耐火布之前，连蔡国强本人也无法完全估量它的最终造型，这一作品成形的程序，很接近索尔·勒维特几何造型的墙画系列。

以这团造型火药为导火索，还将导向路易·康当年对爆破石壁的构想——他以高度理性推演出的几何空间原型，足以让后世建筑师享用不尽，而他的理性背后，也经受不住对多样性造型的向往，他构想的一堵石壁的丰富造型，乃由火药按照上帝意志爆炸出来，其多样性难以为世人所构想。类似的石壁想象，曾在李渔的《闲情偶寄》里得到过描述——那是一堵高可数仞的石壁，其惊人的造型出自一位僧人之手，它用千万担被人们抛弃的各种废石砌筑而成，其多样性源自于对无人工意识材料的随性堆叠。

如何剔除叠石设计中的人工成见，也是日本茶庭布置飞石成败的关键（图2-11）。按千利休对茶庭——六分便利，四分造景的训诫，用以踏行便利的功能性飞石，如何还能布设成"境皆天就，不类人为"的自然景物？据说，曾有茶人以撒豆子的方式，谋求非人工的飞石排布，它类似于郭熙对工人掷泥壁的"俱所不问"，也类似弗兰克·盖里传说中的设计方式——将纸揉成一团不断投掷在地上，并选择某一刻的皱褶造型当作建筑物的造型起势，它是对西方理性之外的上帝造物的方法模拟——掷骰子。与上帝仅以掷骰子来完成造物之事不同，茶人随后的工作更加复杂，其核心还是关系的匹配，匹配身体与飞石间的距离关系——飞石需要提供合适的步距；匹配飞石与所抵达目的地的路径关系，它需要将人们带入各种停留的茶庭空间——中潜、蹲踞、躏口或者雪隐等地，以这两种关系匹配为依据，茶人不但需要对撒满茶庭的豆子调整距离以及方向，还需要将无关功能的多余豆子挑拣出去。

有关败壁的建筑证据，还是出自李渔，这位最具有西方

独创性精神的明末艺术家，在谈及峭壁山时，也没忘记关键的关系匹配——为了将窗外一堵石壁挡土墙媾和为峭壁山的自然意象（图2-12），他不但改变了石壁的常规做法——将石壁上嵌入一块巨石，他还对一旁的建筑进行仔细的位置经营，他要求建筑距离这堵石壁足够近，并对建筑的开窗位置有着严格的要求，与西泽对建筑开窗的操作来自内部自明的操作相反，李渔要求窗户正对着那块镶在石壁中的巨石，且其大小也被规定——透过窗户不能看全巨石，它由此还将西方相关人体功能的尺度观念，还原为身体感知的活生生感

受——因为看不全巨石的面貌，这堵嵌于窗框之中的石壁，就将唤起人们的山居意象。

没有建筑的媾和关系，石壁之巨石，只有巨石的石象，而无山居意象；没有巨石对建筑的凑泊，建筑只是工匠的自明雕琢——当中国文人们夸耀一座园林里的建筑如何工巧时，那几乎都带有确定的强烈贬义，因为它无能与景物发生关系。

7 大巧若拙

以"随物成器，巧在其中"为韵，白居易在《大巧若拙赋》里，将中国艺术因借自然的巧匠之意，带入到器物制作的匠造之中：

（1）乃抡材于山，审器于物，将务乎心匠之忖度，不在乎手泽之剪拂。

（2）故为栋者，任其自天而端；为轮者，取其因地而屈。其工也，于物无情；其正也，于法有程。

（3）既游艺而功立，亦居肆而事成。大小存乎目击，材无所弃；用舍在于指，顾物莫能争然。

将白居易这段文字分为三部分，是为了与宋迪建议的那三个步骤对照。

第一步，在山林中"审器于物"的审器，类似于宋迪对败壁的观察或计成的相地，而其——将务乎心匠之忖度，不在乎手泽之剪拂——的随后判断，则类似于计成在《园冶》里对造园中能主之人的判断，计成认为能主造园的人，既非出资造园的主人，也非建造园林的工匠，工匠只在乎"手泽之剪拂"，能主之人则是那些能够审器、忖度之人。

第二步，审器与忖度的核心，一样是媾和关系，媾和匠心与物象的关系。它可以从两个方面展开讨论，一方面，从物象的造型而言，树木的奇特形状自然天成——树木的上部，因为需要尽力追逐阳光，这部分树干往往笔直，而树木靠近地面部分，因为需要四处搜寻养分，因此常常因地而屈，树

木造型的曲一直差异，正是因循自然的阴阳差异所造就；另一方面，从工匠的匠心而言，核心要领就是媾和匠心与物象的关系——心欲挑选栋梁之才，就该选取树木靠上笔直的部分，而不必费力将弯木就直；心欲挑选车轮材料，就该截取树木靠近地面的弯曲部分，而不必用直木强行弯曲为车轮模样。

至于第三步，白居易说：

众谓之拙，以其因物不改；我为之巧，以其成功不宰。

这种因物特点的造型匹配，几乎不用对物进行太多的人工改造；工匠做成了栋梁或车轮，但并没有以自己的造型偏好而主宰天然材料。最后，白居易将它们总结为：

不改、故物全，不宰、故功倍。

8 因物不改

白居易的大巧若拙，要义有二：因物不改、事半功倍。

计成的能主造园事，精巧亦二：巧于因借、精在体宜。

"因物不改"与"巧于因借"共享一个"因"字。为《园冶》写序的郑元勋，他对计成的赞美就是他"善于用因"，计成对"因"也有单独的阐释：

因者：随基势高下，体形之端正，碍木删桠，泉流石注，互相借资；

宜亭斯亭，宜榭斯榭，不妨偏径，顿置婉转，斯谓"精而合宜"者也。

我曾在《化境八章》里将计成这两段重要文字进行位置调整，以经营其一一对位的关系：

随基势高下—宜亭斯亭；（随）体形之端正—宜榭斯榭；（随）碍木删桠—不妨偏径；（随）泉流石注—顿置婉转。

首句"随基势高下"之"随"，曾反复出现在《园冶》的各个章节里，其所追随的一样是地势的自然高一下，正如郭熙、宋迪以笔墨拓印败壁间的高下痕迹一样。在这里，自然地势的先天差异，被建筑追随为多变的关系组合，为了因

循自然的变化，亭榭或路径的位置经营，就不会先行将自然地貌进行铲除或平整的改变——这是其"因物不改"的一面，人工建筑因为借助了自然高低起伏的特征，就省去了以建筑自身来制造造型差异的那一半功用——这是其"事半功倍"的一面，也是借景之"借"能从自然地势中借来的多样性。

上述文中，最后还剩下一对对位关系：

互相借资——斯谓"精而合宜"者也。

它不但是我当年提出中国造园"互成性"特征的依据——建筑与景物间的关系，正是"相互借资"的一对"互成性"关系。

以"相互借资"的方式，造就了事半功倍的大巧结果，以"因借自然"的方式，则获得关系而非造型的多样性。

9 随物成器

剔除自我成见，不是为了获得无我的客观，而是获得应变自然的柔软心性，苏轼曾以"随物赋形"提出对文人心性的柔软要求。他所用的比喻是水，水随物赋形的能力，正在于水的不自明性——瀑布、溪流、深潭这些造型，既非水的自明造型，也非水之环境的独立产物，它们是水在遭遇不同物象时，分别媾和出的互成性关系物。

我意识到这一要求高不可攀，也明了它将对我理解中国造园，有着持久的指导意义，而我在红砖美术馆造园之前，首先要面临建造一个与自然隔离的美术馆建筑，我思考着如何能让这些文人理解从造园进入建筑。

我将目光指向白居易，他不但撰写过大量造园造物的诗文，也曾亲自参与造屋与造园。白居易在另一篇《君子不器赋》里，他将对君子心性的如水要求比喻为良工用材：

若止水之在器，因器方圆；如良工之用材，随材曲直。

这一比喻，也是白居易以"随物成器"的韵脚撰写《大巧若拙赋》的核心，"随物成器"已然包含了对器物制作的原理阐释，它或许真能指导我如何开始设计一个对我而言规模空前的建筑容器。

白居易由此提出的训诫"因物不改"，是要因什么物？又是什么不改？

在他提出"事半功倍"的诱惑中，工匠需要做的是哪一半事情，又将获得哪一倍功用？

以一件国宝笔筒的制造为例（图 2-13），或能阐明大巧若拙的这两项要旨——竹笔筒的竹节上残留有半截竹枝，它没被工匠改变，而被工匠以俏色的技巧加以因循，因循它的枝桠模样，工匠将它想象成竹壁上的树木意象，它就省却了刻画竹壁的树木这一半功，他只需在一旁刻出树木其余的枝叶部分，就能事半功倍。

这里所因的竹节物象，先在于匠心意欲的林木意象，如果将其原理还原——以先在性的条件与将欲获得的意象进行关系匹配，这将使得大巧若拙的操作可以进入建筑，毕竟建筑总是有条件的建造，而红砖美术馆的起点，就是对一幢先在的大棚建筑有所意欲的匠心改造。

2-13

项目名称：红砖美术馆建筑部分
项目地点：北京市朝阳区孙河乡顺白路一号地国际艺术园
项目面积：6000 平方米
项目设计：董豫赣
施工图合作：肖昂（都林国际工程设计咨询有限公司）

第三章 关于红砖美术馆

1 模仿与专利

去宋庄看彭乐乐的工作室时，她愤愤不平地告诉我，宋庄已有两个红砖美术馆的仿品，并兴致勃勃地带我参观。我觉得她对模仿一事，可能过于敏感，我勉强能分辨出它们与红砖美术馆的近似之处——第一，都是红砖；第二，有些一致的细部。

即便这些相似的红砖细部，也不是我的发明，它们多半是对民居砖活的细部改造，我宁可将细部看作处理节点的结果，而不视为独创的秘密。即便对于她所看重的建筑造型，我也愿意视其为内部空间设计的结果，而不愿视为独享的署名性专利，因为，这将让建筑设计降至某种技术申请物。

虽说如此，在这之前，甲方的驻地代表孙工发给我的一张建筑照片，其与红砖美术馆外观中部的形似程度，还是让我吃惊。这是她在 798 艺术园区发现的一件作品（图 3-1），当时她以为是我另干的一件私活，她甚至还特地进去咨询是否董老师的设计，回答说是他们老板自行设计的，孙工忍不住问，为什么它与一号地的美术馆如此相似（图 3-2），员工的回答充满自豪——我们老板正是去了一号地回来设计的这幢建筑。

孙工对我描述时，情绪也有些起伏不平，既因为模仿的相似程度，也因为仿品已经作为餐厅开张，而正品还刚刚进入室内施工。我对这件事情的反应还好，我安慰她说，被模仿意味着被喜爱，况且，规模的差异，使得它只能模仿美术馆外立面的中段部分。大概一年以后，我有事去798，顺道探访了这幢建筑，我发现除开入口立面的异常相似之外，它在另一侧设计的一系列45°倾斜的砖墙（图3-3），或许也得自于美术馆外墙上凸出的一系列三角形体量。体量与单墙的巨大差异，让这件仿品与红砖美术馆没那么相似，而且，美术馆最显著的三角形体量的外观——或许也是让周榕直觉它庸俗的反常外观，并非来自造型考量，它是我与甲方对美术馆内空间设计历次讨论的外观呈现，也可算是我对白居易大巧若拙的建筑理解物。

2 关于甲方

初见闫总，白胖身材，一头长发，伸出胖手与我握，自我介绍，闫士杰，阎王的阎（"闫"为同字异体），士兵的士，豪杰的杰。他直截了当地说明来意，说我看过你设计的清水会馆，红砖的，光影不错，我很喜欢，想请你为我们设计一座美术馆，语毕，甩甩长发，等我回话。

我思索了一会，问是一个怎样的美术馆，是展览当代艺术，还是传统的架上绘画？他回答是都有可能，并反问我有什么区别？

我说如果是传统的架上绘画，重要的就是墙壁与光线设计，它无需与外部环境发生关系，如果是当代绘画，似乎没什么特殊要求，就可能将它设计得如同园林里的复廊一般，一边是户外风景，一边在复壁两边挂画，两边都能展示。为了唤起他对苏州园林的想象，我补充道，苏州园林的大多廊壁上，常常镶嵌有书法作品以供展示（图3-4），他拒绝从园林走廊进入美术馆的这条想象线索，他果断地说，我想要的就是那种有着大墙与匀光的美术馆，而墙与光，正是你的强项。

3-2

我沉默了一会，委婉地表示，我如今对设计只表现内部光影的美术馆兴趣不足。

这显然出乎他的意料，他停顿了一会问我，你如今对做什么项目有兴趣？我不假思索地说园林或庭院，他笑吟吟地说这好办，我这块地上，还有一二十亩空地，随你造园子、造庭院都行。我应该满足了，但还在犹豫，我说我很难想象，内向的美术馆，该如何与园林或庭院发生互动关系。

他从夫人曹梅处要来纸笔，大致给我勾出他的这块地，朝南是一幢面阔 130 米、进深 30 米、高 9 米的巨大棚屋，据说原先是当地农民为种花卉蔬菜建造的，被他转租下来，我的首要任务就是将它改造为一座美术馆，大棚背后有一块曲尺形基地，向东被邻居占据一大块，向西面临一条马路，他在西向用地上，快速画了一些小方块说——这些都是你可以设计的，它们将是一些小型画廊或工作室，你可以让它们与你一旁的园林或庭院发生任何关系。

我一边被这些不确定的部分所诱惑，一边被他熟练的草图所困惑，我问及他的职业，他说他学过工艺美术，后以装修起家，如今是万恶的房地产开发商，在邢台有家名为凰家的地产公司，经营得不错，如今想建造美术馆，以满足年轻时的艺术家梦想。我暗自想象，这恐怕是建筑师最不愿打交道的甲方，懂得一些艺术，也会画一些建筑图，他恐怕会随时对我的设计指指点点。他看出我的顾虑，主动谈及清水会馆的甲方与我签下的那份著名合同，那份合同规定建筑师与甲方争执不下时，甲方应以建筑师的意见为最终决定，他说愿意与我签署一份这样的合同。

我问设计周期，他算了算，现在是 2007 年 7 月，你有三个月时间设计美术馆部分，得给设计院画施工图留两个月，明年春天开工，我要赶在奥运会之前将美术馆建完，园子部分，你可以随后慢慢设计。我已习惯甲方对建成速度的无边构想，我对此也不甚关心，心里合计着设计一幢 6000 平方米的美术馆方案，三个月似乎问题不大，就应了下来。

他立刻问我打算做出什么造型来，我说我对事先确定建筑造型，既缺乏能力也缺乏兴趣，我需要看过基地才慢慢知道。临别时候，问他从哪看到清水会馆的照片与介绍，他笑而不答。

3 最初的改造

初见那幢大白屋让我心惊（图 3-5），它简陋而巨大。临街墙面阵列着的 6 米见方洞口（图 3-6），将内部墙壁侵蚀得不成样子，简易钢架棚顶上，贯通南北的条形天窗，虽是光线充足，但直射的阳光与投影，将对未来的展览功能造成麻烦。按任务书要求，我计划从这个巨大的空间中切割出四个展览空间——中央一个最大的展览空间，两端两个次大展厅，靠近门厅处设置一个公益性展厅。

而最关键的问题则是外墙改造。

3-4

3-5

3-6

面对这幢先在的大房子，想象着《大巧若拙赋》里那个巧匠挑选木材的时刻，他眼前所见的是树木的曲直，心里想做的却是栋梁与辘轳，我此刻所见的是南北外墙上布满的巨大洞口，心里想着的却是闫总要求的展览大墙与展览光线。

我能否以"因物不改"的巧思媾和它们？

再见闫总时，他最关注的依旧是它的造型，并从口袋里掏出一叠草图，向我描述他要的各种入口的造型效果，我以没时间考量入口造型为由，中断了他的造型向往，我用打印在 A3 纸上的平面图，向他描述我对外墙洞口的改造，我计划在那些 6 米见方的洞口外，距离 60 厘米左右另砌一堵大墙，并在大墙上开设高窗，于是原先室内那些让人困惑的洞口，将变成展览壁龛的一系列视框，视框内是有着高光返照的大展墙。

甲方原本拥有的让建筑师困扰的设计能力，此刻变成积极的一面，他很容易从平面中想象出它的空间效果，他不再提及他口袋里的那些透视草图，而与我一起探讨中间几个展厅的分隔。为了让中间最大展厅的长宽比合适，我建议将 30 米现有的大棚跨度分成三部分，两边各空出 5 米，以利于在南北形成两条观看系列壁龛内展品的展廊。我还计划将中间大厅的地面部分下挖 3 米，以将这个最大的展厅加深为最高的空间，而两侧画廊的退进的距离，也让下挖的深度不至于影响原有的结构基础。

我们立刻达成共识，决定照此深入下去，他希望我绘制效果图的愿望，被我回绝，我说既然房子要盖，而你又不乏空间想象力，我看不出何必要去绘制一张无用的效果图。

4 范例与问题

后来，我在他的电脑里发现了一张最早的效果图（图 3-7），是闫总私下请人绘制的，它弥补了我一向没有保留过程图的记录缺失，并让我记起对它的两项改造建议，最初都出自闫总。

他认为壁龛立面的高窗进光，会压低原有洞口的壮观高度——我最初的设计是将它从 6 米降至 4 米，一者避免观者直接看见光线，另外，下降的墙体将南北进入的光线，反射为均匀的漫射光返照到展壁上，他的建议是，将这堵外墙提高到洞口之上，并以天窗的方式解决采光问题，如此一来，内部的洞口就将保持原有的 6 米高度。我同意他的建议，但对在画廊里的天窗漏雨问题深感担忧，我说，我要想一想。

或许是他的装修经历，让他对空间的任何扰动，都有着细微的身体想象，他担心洞口变成 6 米高后，原本 5 米宽的展廊进深估计会显窄。我思量着巴洛克时期对广场与建筑高度的比例推荐，为了获得观望建筑的最好视角，广场的尺寸最好是建筑高度的 1 至 2 倍，观看 6 米高的壁龛大墙，5 米的距离，确实窄了些，我习惯性地说，我回去再想想。他似乎早有准备，他建议将南北展廊调宽为 6 米，并将中间大展厅 20 米的宽度压缩为 18 米，我直觉地拒绝了这一建议，我回答说——你负责提出问题，我负责琢磨答案。

我一向不太信任过于直接的答案，我习惯将问题先明确为尖锐的矛盾——调宽画廊，将压缩主展厅的宽度；不压缩主展厅，展廊看画的合适距离又难以满足。我希望能从矛盾中发展出更为巧妙的布置方式。我那时并未知觉到这次思考，将彻底改观美术馆的内部空间与外部造型。

期间，又与闫总见过几次。因为这个项目，他曾去欧美考察过大量优秀美术馆，他试图向我推荐各个美术馆的各自精彩之处，以便为我提供不同的设计灵感。我对此一向漠然，因为这正是大量建筑师习惯性的设计方式——在设计某类建

3-7

筑时，就参观或参考大量这类优秀的建筑范例，在旅游与资讯如此发达的情况下，我依旧没能看出这类设计产生过什么优秀建筑。

有一次，我有些不耐地中断了他类似的叙述，我反问道——闫总，我们只是要做一个优秀的美术馆，而非要做所有优秀的美术馆吧？请你回忆一下，你所参观的哪一件优秀的美术馆，兼顾了所有美术馆的优点？它们的一致优点，正是它们各有其始终如一的特性，我们也需要这个美术馆拥有它自身的特性，但首先，我需要屏蔽过多的资讯，而专注于我此刻面临的关键问题，因为，我相信关键问题的解决，将为它赋予发自内部的真实特性。

他立刻理解了我的意图，并给予我思考的充分时间，以考量我所面临的严峻问题——画廊与展厅的距离调配问题。

5 事半功倍的外墙设计

有一天，我照例在那张 A3 平面图上勾勾画画，焦点依旧在外墙的窗洞位置。当我用一个扭转了 45°的直角，取代原先推到立面外的那堵外墙时，我直觉它或许包含了某种巨大的潜力，我小心翼翼地调整它的位置，直到它的两条直角边正好能贴在原有窗间墙两侧，然后将它们延伸到室内，向着给定 5 米的中央大厅的方向斜伸进来，它将停止，但停在何处，我自己并不能决定，我在相邻一个窗洞里，重复着这一操作，那个洞口的直角三角形的两条边，贴在同一堵窗间墙的另一侧，斜伸进来，两条斜墙在内空相交，交成内部的一个直角，这个直角与原有窗间墙之间，封闭出一个较小的三角形空间，它解决了第一轮方案里曾困扰我的另两个问题——如何包裹室内脱开墙面的众多钢柱，以及如何处理立面外的排水管道问题，在前一轮方案里，室内的钢柱由墙体包成凸出墙面的方墩，室外排水管则挂落在室外墙体间的凹龛里，而这一次，它们一律在这个三角形的小空腔内解决，它不但包裹了工字钢柱，也包纳了为巨大屋顶排水的落水管，我只需借用我在清水会馆设计过的一种落水口，将它们与三角形空腔内的落水管进行对位。

这还只是额外的利好，我当时已意识到三角形体量的更大潜力，基于简单的几何计算——按照三角形斜边距离将大于直角边的原理，将原本平行于外墙的增建墙体，扭转45°，观看这堵斜墙的距离将增加 1.4 倍左右，这是一个模糊的估量，清晰的图纸出现后（图 3-8），让人欣慰的报酬接踵而来：

（1）每个三角形壁龛里都有两堵直角相交的大墙，与原先壁龛里的单独展墙相比，展墙面积得到数量的倍增，这是闫总对美术馆提出的两项核心指标之一。

（2）三角形体量的外出距离，足以为它在顶部向着屋顶方向设置高窗，它避免了在外部体量上开设洞口大小的迟疑（图 3-9），而一系列三角形体量在室内造成的空间感受——既保持了视觉的连续，又保持了相互间的部分遮蔽，比之于先前将展墙一律退到窗洞外的中断视觉，这部分空间感受，是我当时没有想象过的（图 3-10）。

（3）三角形顶部的高侧窗（图 3-11），绕开了我对天窗渗漏淋画的质量担忧，而翻修屋顶拆出来的钢结构与屋顶的缝隙的天光，也颇为意外，它照亮了厂房原先方形洞口的残余边缘，也揭示了这个方洞内嵌三角形体量的操作结果，实际建成的光线效果，甚至比我预想的还要好，在一般天气

3-11

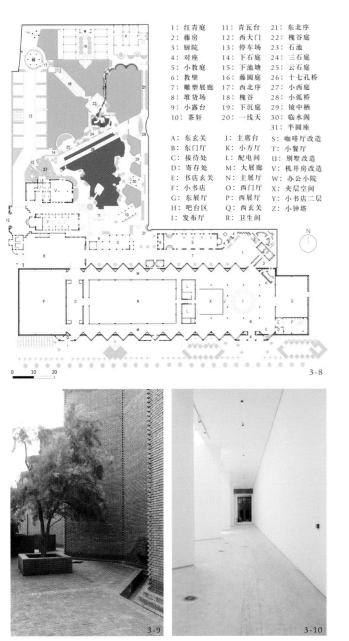

1: 红青庭　　11: 青瓦台　　21: 东北序
2: 藤房　　　12: 西大门　　22: 槐谷庭
3: 厨院　　　13: 停车场　　23: 石池
4: 对座　　　14: 下石庭　　24: 三石庭
5: 小教庭　　15: 下池塘　　25: 云石庭
6: 教壁　　　16: 藤圆庭　　26: 十七孔桥
7: 雕塑展廊　17: 西北序　　27: 小西庭
8: 堆货场　　18: 槐谷　　　28: 小弧桥
9: 小露台　　19: 下沉庭　　29: 镜中栖
10: 茶轩　　　20: 一线天　　30: 临水阁
　　　　　　　　　　　　　　　31: 半圆座

A: 东玄关　　J: 主席台　　S: 咖啡厅改造
B: 东门厅　　K: 小方厅　　T: 小餐厅
C: 接待处　　L: 配电间　　U: 别墅改造
D: 寄存处　　M: 大展廊　　V: 机井房改造
E: 书店玄关　N: 主展厅　　W: 办公小院
F: 小书店　　O: 西门厅　　X: 夹层空间
G: 东展厅　　P: 西展厅　　Y: 小书店二层
H: 吧台区　　Q: 西玄关　　Z: 小钟塔
I: 发布厅　　R: 卫生间

N

0 10 20

3-8

3-9

3-10

3-12

25

里，无需借助人工光就能观展（图 3-12）。

我对这次的修改，非常满意，我认为它不但完成了白居易对"因物不改"的要求——它并没对原有墙体做出改动；也达成了白居易对"事半功倍"的期望，甚至还不只功倍，简直有好几倍的功效回报。我猜测闫总还将有另一层满意——三角形空间往外扩张的面积，远比原先扩出的壁龛更多，这虽是对改造规范边线的模糊，却也是我有意为之，我有时愿意将自己视为甲方的同谋，而非总是甲方的批评者。

这次经历为我带来的交流好处则是，闫总如此喜爱我为美术馆南墙洞口里得到的答案，强烈建议将北部原本较窄的洞口先行改造为与南边一样，然后对称设置一样的三角形体量的展廊。往后的闫总，再也没有从他口袋里掏出有关造型的草图来骚扰我，也不再喋喋不休地要求我参观矶崎新设计的中央美院的美术馆，尽管它位于北大与红砖美术馆工地中间，他开始相信好的造型，是从明确的问题矛盾中生成，他后来告诉我，他甚至用我们之间——首先明确问题，然后再评估答案——的交流方式，来尝试着与他自己的员工交流。

6 立面造型的得失

现在，我终于要面对沿街立面的开口问题——它需要有两个入口，一主一次，还需另设一个消防出口。基于对前来参观观众的驾驶路线的估计，闫总估计人们多半从东往西，他因此建议主入口设在东部。我虽对驾驶者是否会中途下车进入美术馆不很乐观，但也觉得将主入口设在南面东侧是个不错的选择——通过这部分主门厅的后门，能将东北部曲尺形基地的窄长条连接起来——我计划将这条狭长基地处理为后庭，另外，美术馆的西部，尽管距离停车位更近一些，但其北部需要的一个巨大的搬卸货场，将阻碍美术馆与更北部园林的行游关系，因此，我建议将次入口设置在南面西侧，并与卸货场的西北入口相对照。

最主要的入口设计成什么造型，是闫总最为关注的意象，我对造型本身的迟钝，让我对此事采取了轻松的起点。那时，

闫总对我描述最多的就是即将来临的奥运会，并声称要在奥运之前，在美术馆里举办一次蔡国强的火药爆破作品的现场展，我虽不信这一预计的速度，却从中获得了奥运五环的入口意象，我将主入口两侧的三角形体量，拉齐为一堵平行外墙的大墙，两堵平行墙体之间将近两米的空腔，可以成为玄关，我计划在新建的外墙上开设三个圆洞（图 3-13），而在内部那堵墙上设置两个圆洞，它们相互错位对应，应该能叠合出类似奥运五环的入口。

它部分得自我在清水会馆设计的三圆环叠的经验（图 3-14），后者位于清水会馆的车道与合欢院之间，它自身的造型却来自苏州半园。半园东廊，廊中段忽然外折，遂于围墙间折出一条缝隙，折壁上开有八边形洞口（图 3-15），灌木从洞里侧面隐现的景象，让我印象深刻。作为对它的设计模仿，我在车道与庭院间设置两堵平行墙体；作为对它的意象改造，我希望车行者能透过这两堵墙上的洞口窥视庭院。我在车道这侧墙上开了两个圆洞，而在庭院那侧的墙壁上设置一个圆洞，并让内部这个洞口，正对另一侧两个洞口之间的窗间墙，因此，从两个方向窥视它们，它们都将环叠出半遮半透的效果，我计划在缝隙里种透植物，以加强透漏兼顾的湖石空腔意象，并期望藤萝的攀爬，将阻止人们身体穿过的可能。建成的使用效果却出人意料，空腔里没有植物时，人们常常从这边圆洞钻入，折过狭小的空腔而从另一边圆洞钻出，待到植物初长时，前来参观的人们常常选择坐在庭院那侧的圆洞里留影，其中还有过专业模特，我猜是因为这侧唯一的圆洞所框入的物象诱惑——它框入另一侧两个圆洞的两段弧墙，并媾和出有着小蛮腰身体意象的奇特造型（图 3-16）。

待到将这一通过性圆洞经验带入美术馆的五环入口里推敲时，忽然对外部三个圆环是否真能嵌套内部的两个圆环充满迟疑——因为眼睛的视距限制，它们在图纸立面上的五环叠合，需要假定在无限远的情况下才能同时发生，它们很难在门口不大广场上实现这种感知；另一方面，内墙上通往室

内的两个圆洞，因为要与外部三个洞口错开半个圆距，这对闫总那时执意要设置的残疾人通道带来交接的转折不便，最终，在内墙上，我选择了类似拙政园别有洞天一般的深圆洞（图3-17—图3-19）。我猜测拙政园那个洞口进深，是对原先两家园林打通两堵围墙的叠加深度，而美术馆的洞口之深，则源于中间要设置玻璃自动推拉门的需求，其两侧还将隐藏电动门的机械装置。

依照这一经验，我将它在西边次入口上如法炮制，只是将立面上的三个圆洞缩减为单个圆洞，玄关与圆洞的空间序列也比较类似，只是它并不直接通往展厅，而需要更隐秘地东折入内。我如今尚不能评估的入口设计，正是那个被模仿得栩栩如生的中部入口，它并非真的入口，只是一个临时消防出口，它原本可以设计得更加隐蔽或低矮一些，我最终将清水会馆的四方庭岔口空间（图3-20），移植到这里，在那一处，两侧两堵墙体，在撞上扭转45°墙体时，空开了两个通高的隙缝，折入隙缝内，有两个狭小庭院，分别将人带向起居与书房。我对美术馆的类似处理，正是基于它们遭遇的斜墙相交的类似情况，但它们内部的空腔，却仅仅通往一个几乎很少开启的消防出口，而在另一端空腔里，连入口也没有，仅仅隐藏了一个位于外墙高处的新风口。内部这些无关大局的功能，却有着一个颇不相称的壮观外观，这一直让我心中忐忑，唯一能安慰自己的就是——闫总曾希望建筑中段设计一个可以举办中型活动的广场，它的壮观虽说可以匹配这一广场的尺度，但庭院后来设计出的多种规模且环境更好的活动场所，使得这处广场举办户外活动的机会相当渺茫。

7 方厅与圆厅

自东部主门进入，乃是美术馆的主门厅部分（图3-21），它有着异乎寻常的复杂要求：

一个公益性展厅——它将区别于其余三个需购票进入的大展厅；一个临时展览发布厅——平时可以布设咖啡座；一间小型报告厅——平时作为大展厅的多媒体展厅的补充部

3-13

3-14

3-15

3-16

3-19

3-18

分；一间同时可服务大厅与后院的吧台，以及一小间用于门口接待的接待间；最后，主门厅上部的夹层，将设计为办公或美术馆的接待用房，因此，主门厅还需要设计一部能方便攀爬的公共楼梯。

匠心正需在如此复杂的要求间方能施展，并在诸多矛盾面前得到是否巧妙的检验，作为白居易检验巧拙的重要考验，就是能否匹配心象与物象。

小型报告厅要求的全人工光，先天适宜置于地下，将它埋入地下，还能解决复杂的隔声问题。为兼顾它平时用作多媒体展厅而与西部大展厅共同使用，我将它置于大厅西侧以与大展厅毗邻，它下沉的 3 米高度，原本就是为了平接大展厅计划中的下沉地平，主展厅后来因地下水的抬升（图 3-22），使得它们之间的联系，如今变成了我乐于体验的半层坡道联系（图 3-23）。

对于一个小型报告厅而言，下沉 3 米的净高，总是过低了些，我用 1.2 米高的十字梁将它的屋顶板架起，1.2 米的梁高，一方面来自对方形报告厅的跨度匹配，也来自我对它将凸起于大厅地面的高度要求。从大厅看，十字梁的圈梁四周被红砖砌筑，这使得它如同砖厂临时码设的一座大砖垛，其上表面红砖铺装的 1.44 米高度，是我想象中的正常人正可以窥视其上表面的高度，目的是要将这个砖垛形成的巨大砖面，当作大厅内公益性展厅的巨大台面（图 3-24），我希望人们将被诱入其上，既可参观公益性展览，也可将它当作通往夹层楼梯的巨大转换平台。

但它如何能吸引人们攀爬上去呢？

公益性展厅的公共性，只是西方建筑学的习惯分类，人们似乎相信有公共建筑与私人建筑的高下分别，甚至有人宣称设计公寓要比设计别墅高尚，我对这类道德宣言毫无兴趣，却对妹岛的公共性声明感同身受——纵使设计一个千人礼堂，感受这个礼堂的也是不同的个体，而非抽象的公众，对我而言，设计一座公共美术馆与设计一幢私人会馆并无二致，设计的高下判别并非来自规模，那只是相关指标的技术计划，

3-20

3-23

3-21

3-22

3-24

优秀的设计取决于对生活场景的想象力与表现力，一旦这部分敏感的想象力被设计准确表达，使用者将有能力感受到设计者的意象所想。

很多次，当我蹲在街边旧书摊翻看旧书时，如果时间持续一阵子，就会有人群聚集在周围，冷清的摊位，常常转瞬间就变成热闹场景，人们易于被先前的观者所吸引，这是常规展厅难以做到的，观看展览的人常常面壁而观，而展墙习惯的封闭性，又常常阻碍观者被旁观者所观看。我思索如何打开墙壁的封闭，我想，即便儿童画展也很少会用上展壁靠近地面的部分，它因此就变成展墙的冗余，剔除这段冗余的展壁，砖垛之上，展壁之下，将会出现一条贯通的缝隙，一旦有人进入这个砖垛之上观看展览，三三两两观者的小腿部分，将透过这个缝隙诱惑大厅里的人们进入其间（图 3-25，图 3-26），最终为这条缝隙确定下来的 40 厘米高度，是它在砖垛之上无需栏杆围护的细缝尺度，而砖垛与缝隙所叠加出的高度范围 1.44 至 1.84 米，也是正常人在大厅内感受诱惑的视差范围。

有了这一意象，我并不担心我薄弱的结构知识能否实施它，那毕竟只是技术之事，我曾见过柯布的萨伏伊别墅施工的过程照片，它立面上横向长窗的上部墙裙，乃是由稍微退进的框架往外出挑下挂所致（图 3-27），

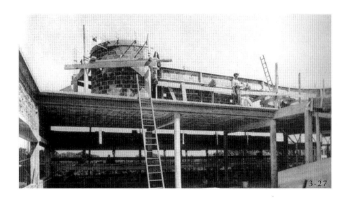

而我的大厅里，正好有支持大厅夹层空间的系列框架，我让它们来承担悬挑下挂的展壁负荷（图 3-28），并将下挂于砖垛上的展墙部分脱开周围框架 1.5 米，以显示展壁无所凭借的悬挂状态——砖垛自下而上的砌筑，展壁至上而下的悬挂，它们各自戛然而止于那条隙缝的上下（图 3-29）。

自美术馆主体部分建成以来，方厅的这条通缝的内外奇观（图 3-30，图 3-31），成为人们关注最多也咨询最多的场景。曾有人问我，为何不考虑儿童们的视觉高度，我常常会指着

3-25

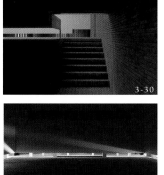

3-30

3-31

3-28

3-29

3-26

方厅东部抬高的一窄条主席台（图 3-32），说他们可以去那儿往缝隙里窥视方厅。但主席台的这处抬高，原意本非如此，它一样杂合了诸多需求，大厅正中，是一处下沉 1.26 米的圆形空间，它被二楼一圈对应的圆墙所笼罩，并被天光所照亮，其形制来源于古罗马的圆形剧场，其东西阶梯的差异处理，再次源于清水会馆的经验——青桐院交错跌落的大台阶，总被建议用于露天报告厅的座位（图 3-33），我就顺势将这个下沉圆池当作临时发布厅，其东边半圆形台阶交错成的跌

落座位，顺理成章地可以充当临时观众席（图 3-34）。与这处观众席正对的就是那处抬高 0.9 米的主席台，它抬高的高度与圆池下沉的高度之间，已提供了人可进入的高度，而借助圆池西部几阶下降的踏步（图 3-35），就能顺利进入主席台下的玄关，继而折入它背后隐藏的那个地下报告厅。

8 结构与意图
通过下沉的圆形发布厅继续往下，路过地下报告厅的两

3-32

侧走廊，它将连接美术馆中部最大的展厅；通过抬高的公益性方厅继续往上，通过机房上空形成的一处可鸟瞰大展厅的台地，将折入整个主门厅上空的夹层空间。

　　这个空间，因为距离原有顶棚的高度类似于普通建筑，闫总原计划将它用于美术馆办公与接待部分，待到建成后却改变了主意。圆池上空，一圈用以挂光的圆形砖墙，在这个夹层里，圈围出一处可观望圆池上下的圆形墙体；公益性方厅下挂的墙体，在这个夹层里，往上延伸至顶棚，它圈围出

一处几乎难以窥视的方体空间，这两个方圆不一的体量，虽未参与到夹层空间的使用，却将夹层空间分解为可围绕它们环绕的漫游空间，它们被内部这两个方圆不同的体量所外张，又被外墙内陷的三角形体量所内合，圆形墙体透漏出的些许天光，以及三角形体量上条窗漏进的条状阳光，给予这个空间难以言喻的空旷魅力（图 3-36）。

　　闫总不舍得将它隔成办公空间，相反建议我将入口深洞上方的夹层壁龛，处理得更具公共空间的味道，它原本是对

应下方厚墙的一处抬高的木地板壁龛，木地板的铺设，是为了将来维修底下隐藏的电动门机械设备，这个壁龛当时被顶光照亮，基于对它未来公共性的改造，闫总建议我将它的背墙完全打开，它就直面了主入口三个圆洞上方的高大南墙，后来，这一干净清晰的面壁效果（图3-37），曾打动过一位前来参观的艺术家，我却对墙面本身的光洁兴趣不大，我计划在底层玄关角落里种上几株爬藤，爬上这堵过于纯粹的夹层墙面。

夹层空间里标高的几处变化，一样基于我对"事一功多"的一贯嗜好，这一次，它来自我对钢筋混凝土框架结构的简陋知识——混凝土薄板既可与厚梁的上端平齐，这是惯常的工程做法，其特点是室内天花板处于最高位置；亦可将混凝土板落到与厚梁下表皮平齐，其特点是下层空间将看不见反到上部的反梁，梁与底板将混同为一整块混凝土表面。我对夹层空间梁与板的两种处理，在底层大厅里虽能一一看清，但其事半功倍的结果，却需在上下两层分别寻求线索——框架靠近圆厅的出挑部分，以反梁方式处理，其底面板梁混同的做法，旨在避免方梁圆梁交接处的支模困难；其余框架的结构为常规梁板做法，它们顶板靠近梁的上端；而靠近外墙的三角形部分（图3-38），顶板再次落下与梁底齐平，它在这处的处理，不仅源于支模的经济性，也是此处空间的两种意欲所致——它在底层的底板压低，有利于三角形空间将来用作休闲空间，可以透过竖向条窗往外窥视树木（图3-39）；而它的底板压低，在上层的夹层空间，将形成一处三角形凹池，它一样斜对着条窗外的植物，并被顶层额外的顶光照亮，我将这些三角形凹池底部铺装木板（图3-40），并计划在里面随意放置一些靠垫，以利于三三两两的人们进入其间随意闲谈。至于围绕圆墙那些一样凹陷的地面部分，原先也计划设计成一系列可以进入的下沉凹池，只是环绕它美妙的环游经验，使我中途改变了主意，我将这处木板铺设得与梁顶标高一样，而作为这一修改的结果则是——圆墙上的横向条窗

的高度，需要低下身体或坐下来才合适观望底层圆厅。

这些细部处理，使得闫总更加坚定地放弃了将它隔成办公的想法，建议将它们用作底层公共空间的延伸，第一，用作底层咖啡厅的休闲部分；第二，用作底层书店的空间延伸。

9 书店与楼梯

美术馆东西尽端两个次大的展厅，闫总坚持要用人工光，并选择用封闭的吊顶以提供人工光源。我对没有人工光的改造部分向来没有兴趣，认为那只是功能分区的一般计划，直到它们建成，我都很少进去。

大约去年秋天，为了连接夹层空间，闫总提议将东侧展厅南部隔出一部分，用作门厅内附属的小书店，并增设一部楼梯以与夹层联系。我虽对完成空间的中途改造有些不满，但也认为这是建筑师需要接受的部分，尤其是，它将改变东侧展厅徒然空大的乏味。

我将书店的这部楼梯，看做通往北部庭院的另一条迂回途径，夹层北部，原本就有条室外楼梯通往庭院——它也兼做夹层空间的消防楼梯，它原先只能通过公益性方厅的两侧迂回上下，如今，我有机会在门厅内可窥视的范围内，再增添一条秘密通路。对书店里这部楼梯的设计，我也期望上下楼梯的人们将被门厅里的人们所观望，继而被诱入书店，继而攀上夹层，最后折入后庭。为了这一意象，我在书店东侧尽端，设计了一个1米左右的砖台，这个砖台将减少楼梯需要折返的两折，并以东低西高的单跑木梯正对门厅，对这部楼梯的彰显，则以欲盖弥彰的反成方式构思——曹梅女士对书店光线的昏暗要求，原本也很合适，当初为了屈就一个完全人工光线的展厅，东南两侧都没有任何开洞。然而，昏暗并非无光，我计划在东墙上部开设一个高窗，但不希望在大厅内看见光源，我将夹层空间的南北两侧都脱开墙面，北部较宽的缝隙里将安设楼梯，南侧的缝隙只为高窗的光线能滑过南墙，将书店的深处映出些微光，尽管闫总以面积的癖好取消了南侧的缝隙，

然而正对书店低矮圆门洞的空透楼梯，还是藉由高窗的背光亮度，将楼梯照亮为一个倾斜的舞台（图3-41），踏板间的虚空逆光而亮，人们上下的运动，将改变光线的明暗，其所造成的光影动变，以及人们模糊其间的身影，透过书店中部浓暗的空间，凸显过来，进入门厅内闲逛的人们的视野，继而提供另一种通往后庭的迷途诱惑。

3-41

项目名称: 红砖美术馆庭园部分
项目地点: 北京市朝阳区孙河乡顺白路一号地国际艺术园
项目面积: 8000 平方米左右
项目设计: 董豫赣 + 万露 + 王磊 + 周仪

第四章 关于红砖美术馆庭园

1 庭院的建筑反省

赶在奥运会前建完美术馆的甲方意愿,我一直把它当作玩笑。2008 年 3 月初,我发现闫总的当真,他以异常迅捷的速度完成了招投标,并召来最擅长砌筑清水砖墙的保定瓦工,日以继夜但有条不紊地赶工,那真是我这些年来最美好的建造记忆,因为雇用了正式施工队,我不用担忧图纸的理解问题,我只去过三次现场,只对转角与收顶部分的细部处理进行过现场演示(图 4-1),偌大美术馆的一圈高大而曲折的外墙,一个月左右就彻底完成,其质量之高,甚至超过我住在工地上长期监工的清水会馆。

室内虽难以按计划完成,闫总的执行力还是让人惊讶,为迎接蔡国强在馆内进行爆破作品的计划,他一边加班加点地将主展厅下沉部分先行挖掘与简易铺装,同时将沿街广场上植树植草,这一耗费巨大的抢赶工程,前后不足一个月时间,最终却没迎来蔡国强的爆破作品,说是因为奥运期间,火药难以进入北京。

我一面惋惜这些临时工程的不菲耗费,一面按部就班地设计美术馆背后的庭园,以及附属的一系列大大小小的工作室与小型展厅,还有一座美术馆的巨大库房。

我计划从毗邻美术馆东北部的狭长用地开始经营,并将它当作西北部园林的过渡庭院。直到这个时候,我才有余力检讨美术馆过于封闭的外观,它部分归结于美术馆独立设计的任务赶抢,更主要的原因,乃是我自己对功能差异的敏感不足。虽说我对美术馆立面上的三角形体量已做出了差异处理——展厅外部的三角形体量全然封闭,门厅部分的三角形体量上却开设了一系列竖向条窗。条状竖窗,旨在呼应甲方的防盗意识——24 厘米的缝窗,刨去两侧窗框的宽度,即便砸碎玻璃也难以挤身其间；我也意识到扭转 45°的缝窗，在南面带来的妙处则是——它们避开了直视临近马路的车水马龙，视野被引向斜视前庭中的自然景物。

类似的处理被移植到北墙上时，我还向闫总描述它的额外收获——北部凸出的三角形体量中的缝隙，将有机会接受朝阳与夕阳的两种平行光线。直到美术馆外墙建完之后，直到庭院设计开始之时，我才开始考量北部一样的缝窗是否合宜，既然闫总决定在主入口使用玻璃推拉门，我原本可以借此机会在北部放松缝窗的防盗功用，我完全可能将吧台附近这些窗洞的开设（图 4-2，图 4-3），视为能与北部庭院发生互成性的媾和机会，那时候，我已然开始注意到打开角窗的框景魅力，可惜这时的外观已然建成，我只能在通往北部尚未交接的一堵斜墙上，增设一方近乎方形的玻璃窗，以窥视北部的庭院景致（图 4-4，图 4-5）。

2 小教庭的意象

失去了与内部空间媾和的庭院机会，北部庭院需要另寻起点（图 4-6），这次起点，是消防的技术部分——按照防火规范，这幢美术馆最好能有一条环形消防通道，但它被东侧邻居的围墙所中断，因此需要在美术馆北部设置一条从西到东的消防通道，并在东北角设置一个消防车能转弯的空场，要求尺寸是 12 米见方。我向来不愿挑战规范，也不愿越俎代庖地为甲方制定任务书，我的乐趣不在给定条件的宽松与否，而在于在给定条件下是否能显示机智。

4 米宽的消防通道，将这条狭长的庭院用地分割得更加狭长，狭长已然给定了这个空间以特点，我只需对这狭长进行限定性的表现。基于计成"俗则屏之、佳则收之"的造园建议——基地北侧外墙北面，是邻居的一幢别墅，在我设计的这片基地西端则是另一幢，因为它们单坡顶的镜像对称，我将这两幢距离较远的别墅，戏称为八字的两撇，我将改造西侧的一撇，而对邻居的这一撇我无权设计，它夜间闪烁不定的霓虹灯，是其间生活者的自由，我希望以庭院设计的机

4-1

4-3

4-5

4-2

4-4

4-6

会来屏蔽它，狭窄的空间，正好提供了屏蔽的机会，屏蔽 4 米通道里人行的北向视觉，需要 3 至 4 米高的墙壁（图 4-7），对于这堵墙壁以及墙北尚有空地的庭院设计，再次媾和了我复杂而琐碎的空间意象。

这座庭院，计划中将作为美术馆门厅内咖啡厅的户外部分，我想象着它的使用人群及使用状况。红砖美术馆附近，现有两处咖啡厅，南边隔着马路的果园餐厅格外著名，消费者多半是居住在附近的外国人，我思着如何能吸引这部分人群前来消费，尽管我计划在美术馆北侧设计一处园林，但对它能否媲美果园餐厅的先天景致，信心不足——它北部有十余亩成熟的果园，小巧的餐厅建筑，则隐藏在果园深处，餐厅南面是几亩旧有的农用荷塘，以及环绕荷塘枝墨叶碧的参天杨柳，我时常沉迷其间的景物诱惑，却常常难以候到空席，我放弃了在里面思考工地问题的最初念头，却一直思考着如何将多余顾客，分流到我将要设计的咖啡庭院里。

许多年前，在没有实际项目时，我曾设计过一座纸上教堂，惜乎没人请我实践，后来我又迷上中国园林，它就一直躺在我自制的图库里，我如今将它搬运出来，安置在 4 米消防通道的北侧余地上。然而这块用地，已不允许新建任何建筑，我只能将它掀掉屋顶，它就变成一个东西向展开的小教庭，作为对教堂惯常的巴西利卡平面的复制，我在东侧设计了一个去顶的凹入式圆龛（图 4-8），它原本应当供奉圣像或十字架，我却更愿意在圆龛里种上一株茂密的紫藤。作为对东端缺失圣器的弥补，我在西端设计了一堵我称之为教壁的高墙，它高达 6 米，丁砖抽出的韵律间，包住一个拉丁十字架，十字架的砖墙中间，间隔着被抽空的丁砖，再次形成一个透漏各半的十字架（图 4-9）。在心底，我意识到掀掉屋顶，对它作为教堂意象的巨大牺牲，教壁上的那个半漏十字，如果在室内外明暗的对比下，它将会如夜景般彰显（图 4-10）。但我还是期望以这座带有十字架的教壁，将隔壁咖啡厅多余的外国顾客引入这座小教庭中，或者它还能举办小型的室外婚礼。

4-7

4-8

为了修正它作为庭院而非教堂的非人尺度，我将这一巴西利卡平面的其余墙体降至 3.3 米左右，以遮挡邻里的一撇别墅，并延续我以前的家具建筑的手段，将一系列窗洞，演变为框有砖桌的窗景（图 4-11），为给这些窗景增添自然景物，我在小教庭内种植一些正对窗框的大树，为落座其间的人们提供阴凉。

小教庭靠北的一面，因为几乎接近围墙边界，这些桌面将作为未来室外咖啡厅的露天茶座，而南侧那堵墙上的那些桌面，则计划用作展览雕塑的台面。以消防通道为对称，我曾计划在美术馆三角形体量的梯形凹入间，设计一系列方形树池——树木不但供美术馆内的人们落座观赏，方形树池北部扩大的砖台面，同样计划用以展示户外雕塑，这些阵列在树池间的雕塑砖台，与信庭南墙上的那些砖桌台一道，将中间这条消防车道夹合为一条室外雕塑展廊，可惜植物池这边的砖台被取消，部分丧失了这条消防车道的室外展廊的阵列意象（图 4-12）。

3 红青庭的摹本

在这座美术馆里，我没想避开它与清水会馆的相似之处，相反希望能从前者的经验里，借鉴庭院设计的更多教益。小教庭东端这个 12 米见方的回车场，其规模比清水会馆那个方庭尺度稍大，后者是我在清水会馆里最失败的庭院设计，即便最近，我还一直试图说服甲方将它改造为一个种满植物的庭院。我至今也仍旧愿意向康学习建筑秩序，但当初以这个空庭作为向路易·康的致敬，似乎有些接近迷信的冒失，我如今既不能容忍没有植物的庭院，也很难再将康设计的那座露天教堂称为庭院。除开赖特与斯卡帕，西方已很少有建筑师能设计像样的庭院，康本人对如何在庭院里种植植物也不甚得法，因此才会请墨西哥的巴拉干前来帮助。

我虽计划在这个方庭里种植，但其消防车的转弯需求，不允许有任何像样的种植。前几年，与童明一起参观的尼泊尔帕坦博物馆咖啡厅旁，就有个大小相近的红砖广场（图

4-12

11

4-13），它也一样没有任何植物，但其东北两侧的青碧植物，不但将这个广场围合得生机勃勃，还将一个规模不大的咖啡厅的各种茶座，散落在砖红树碧的氤氲之间。作为对建筑与自然的关系议题的答案之一，它比日本当代建筑师设计的那些庭院都要精彩，它成为我近几年谈及建筑与自然关系议题的最高典范。

地域性的气候差异，虽使我放弃了在墙头狭小砖槽里种植薜荔的炮制念头，我还是刻意将这座方庭与周边植物的关系，摹写成帕坦广场的那座庭院（图4-14，图4-15），虽然西北向斜墙上开设的两个砖拱对坐的座位，以及其以砖斗拱向小教庭过渡的方法都来自清水会馆（图4-16），我在东北侧设计的一座低矮的藤架，则是向那位不甚著名的奥地利建筑师致以庭院的敬意，我期望未来的藤萝，攀上型钢藤架，也将爬上西侧那些转折如屏风的墙缝之间，爬上藤架一侧两层卫生间的高大墙体，爬满北部我设计的不甚满意的围墙，它们作为密集的绿色，将与近前的几株石榴，较远处的几株树木一起，将这块方形的回车技术性面积，转化为生机勃勃且青红相间的红青庭。

我在图纸上有条不紊地从东北部的庭院设计，进入西北部的建筑与园林设计，第二轮草案完成时，闫总却忽然消失了，随后一年多的时间，既无美术馆室内建造的进一步讯息，也无北部庭院设计交流的音讯，虽在志忑中坚持做了全部的初步设计，但也意识到，这或许就是同行们常常遭遇的烂尾楼项目，也就懒得再深化设计，回到了读书与教书的常规生活里。

大约2010年年初，闫总派夫人曹梅先来接洽，她从袋中掏出送给千里的各种礼物，以开始我最爱絮叨的孩子话题，随后才重拾美术馆的相关议题，声称美术馆将全面复工，曹梅处事的圆润，消解了我随后直面闫总的满腔怒火。他开门见山地描述了庭园功能的变更——北京地区对土地监控的收紧，使美术馆北部那些园林辅助建筑都被取消，我只能对基地现有的几幢构筑物进行改造，闫总安慰我——你将有更多

的用地，你可以随意制造庭园了。

4 造园与造景

造园的任务，忽然简化为造景。

这几年，我才从计成的《园冶》里，读出中国造园的互成性特来，即便今日被归之为造景部分的掇山，计成的命名也是互成性的——厅山、楼山、阁山、书房山，其典型的命名模式就是媾和关系——人工建筑＋自然景物，如今，没有厅、阁、书房等建筑的关系媾和，山就将被孤立为山本身。这也是当年我在清水会馆遭遇到的命数——在宅基地里，我尝试着经营建筑与庭院的种种开阖关系，这部分庭院，至今也是我最得意的部分。而在后来北部农业用地的造园活动中，一样因为不能建造厅堂楼阁，最终只能制造山水景物本身。近些年频频遭遇到的类似现实，让我反省，这或许是西方建筑与景观专业分离的当代结果——景观要么作为建筑完成后的底图配景，要么成为居住指标的图案绿化。

作为对这一现状的反思，我尝试着经营建筑与景物融合的两可造物，出现在我脑海中的意象，不是藤本壮介的House N，也不是让西泽立卫向往的废墟意象，更不是妹岛地景般的建筑造型，而是寄畅园中八音涧的复合意象——人工堆叠的两三米高的黄石山涧，其意象接近建筑的墙壁高度，其围合空间的宽窄变化，也接近留园前序厅堂与走廊的尺度变化。然而，其上横柯上蔽的林木阴翳，其下一条细长的曲折浅沟，居然能在30米左右的物理距离里，营造出山林与溪流这两种自然的风情意象，它并非建筑坍塌为废墟的自然入侵结果，而是中国文人对山居意象的模拟结果，它曾诱使我为清水会馆后花园设计第一版图纸，并直接以八音涧为摹本，它曾因造价缘由而流产，这一次，我有机会重现八音涧当年带给我的山水意象。

相关叠山理水的水出自地利，清水会馆曾幸运地在造园用地里挖出一条地下河床，而红砖美术馆的地下水量远比清水会馆还要丰饶，往下挖掘1.5米左右就能见水，真是叠山理水的天赐良机。计成对山水之事的造园建议，也是事半功

4-14

4-13

4-15

4-16

倍，将挖掘池塘的土，堆叠园林之山，池愈深，而山愈高。水池的形状也比较容易操作，而假山山形塑造之难，让初学造园的我望而生畏。在清水会馆的那一版造山计划里，我将包藏有八音涧的曲折壁山，隐藏在一圈红砖墙壁背后（图4-17），实则是权宜的预先藏拙——万一内部的壁山堆叠得不成模样，墙壁外也只能窥见它们的一鳞半爪。这一次，我更加谨慎，我将原先那版设计里毫无把握的迂曲山壁，调整为计成提及的峭壁般的笔直，而按李渔的建议，平面上仅以峭壁的微折，折出些许凹凸壁意（图4-18）。

后来，连这点壁意也大打折扣。我向来看不懂各种工种的施工图，一贯依靠施工图配合方帮我审图，而庭院与园林部分的图纸，因为过于琐碎，也因没有相关结构的要事，就将它们交给闫总，让他公司的建筑与景观总工们前来把控，我后来为此吃尽苦头，我发现绘制施工图的同行们，只会按图集里的规范处置我的图纸，而审图的高工们，似乎从不核对两份图纸的怪异差异。

以那些峭壁山为例，我曾以图示与文字一再表明它们的做法——用较大的石块砌筑挡土石壁，我给的参考照片是拥翠山庄的石壁意象，今年开春前去工地时，却发现它们部分地变成灰白色的剪力墙，另一部分则也支好了密集的钢筋，准备浇筑，我问及图纸中有壁山意味的石壁去了哪里，说是施工图提供的做法，是在剪力墙外干挂景观饰面石材，并宣称 500 毫米厚的石壁不能挡住 3 米高的土山。最近，著名的结构师陈彬磊告诉我，240 毫米厚的砖墙就足以抵挡 2 米左右高的堆土，500 毫米厚的毛石石壁原本没有任何结构问题，当时我并不具备这一常识，只是难以忍受石材干挂的方式，它们难以表达石墙间偶然镶嵌巨石的峭壁意象，而在视觉最重要的转折处，干挂石材的拼角细部，将粗糙得近乎寒碜。我有些沮丧地提出修改意向，取消干挂石板的方法，改由青砖饰面，在石板的干挂厚度里，青砖至少还有正常转折的余地，我只能将峭壁山的意象，寄托在山南尚未施工的狭长空腔，我计划在那个空腔里以土山的南折凹凸，表现壁山的正面气势。

5 九块巨石与石庭经营

去年盛夏，开池堆山，为给水池寻找驳岸石，与闫总去郊区石料场，我们在无边无际的石头堆场里，最终挑选出的 9 块巨石，彻底改观了山南的空腔设计，它们成就了整座土山南部最为出色的石庭部分。

大概中午前后，折入一家石料场，我远远相中了一块形同照壁的屏石（图 4-19），它当时孤立于石料场尽端的围墙前，一条如水纹理，横过整块壁面，一条如湖石涡旋的狭长空腔，纵透于石壁当间，而它背面，则酷似一双举而合拢的手，我当时记起两句诗——举手成山水，闭门一寒流，后来查出它出自明人钟惺的一篇园记，我当时建议闫总，能否将北部园林取名为举园，他不置可否，却对这里所有的石块，忽然都产生了兴趣，理由是这些石头，很少有别处料场里普遍的修饰痕迹，他许诺我可以多挑一些巨石，以备造园之用。

面对忽如其来的契机，我再次将自己想象为那个面对山林的木匠，在那个场景里，木匠面对林立山林里树木的不同物象，心里构想着未来器物的意象，我此刻，也正对着堆积如山的形色山石，我必须立刻拷问石庭所需的诸石意象，以从眼前诸多山石物象中进行筛选。

石庭位于池北山南，它由北部土山与南部大墙夹合而成，

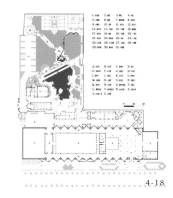

4-17   4-18

在这条东西狭长的空腔里，我计划将它们从东往西分割为三部分，分别容纳东部的石池、中部的石山、西部的林木，透过南部一堵高如艺圃之墙的三个等距圆洞，它们将被分别框景为园林的三种景物要素——水、山、林木。

如今，我需要为东部石池挑选第一块瀑布石，原计划将它正对东部圆洞，以瀑布方式暗示这部分的水主题，我相中了一块蹲卧如兽的石块，它端部如湖石般的竖纹空腔（图4-20），是嫣和未来瀑布的如水纹理，这个空腔贴着左侧深入，直到石身的前腰部位。但它太过纵长，山南墙北间的现有空腔，几乎容不下它的跨度，我转而构想着将它砌入未来的南墙里，让它尽量靠近东部的那个圆洞，而将它主要的腰身藏入大墙（图4-21），它从大墙处探出它带有涡旋的头部（图4-22），以将腰身空腔内隐藏的循环水导入南边池塘，它将以瀑布方式彰显这处石庭水之主题。

这块巨石在墙北一侧的横长躯干，还将形成内部石池的东向石壁，我还需要第二块巨石，以遮挡池北现浇混凝土的灰色挡土墙，我挑选了一块如巨象体状的巨石，让它立在石池当中，靠在北墙之南（图4-23）。

第三块石，因为要安排在空腔中部，我需要它能直观出石山的意象，我发现一块顶部裂成三座山峰形状的巨石，它勾画出海山三山的甲骨文意象，我计划将它嵌入尚未支模的一堵挡土墙内，并正对着大墙中间的那个圆洞，以凸显这个空腔内的山意主旨（图4-24）。对于它中间裂开的一条空透

4-22

4-19

4-20

4-21

裂缝，我则希望以它来改观背后土山过于平坦的地势，我希望将土山的这一部分，耙成与裂口形状相衬的山谷模样，它夹着山谷的野花而来，以与这座象征性的山峰发生余脉关联。

第四块石头，我希望它能表现西部空腔的植物主题，我对如何以石头表现植物很是踌躇，直到我发现一块有着涡旋空腔的弧形石块，并期望它在正对西侧圆洞时，涡旋内将以种植古藤的方式绕石攀墙，以凸显此处的山林主题。

作为对东家慷慨允诺的应答，我说还需要一块平整如台的平石，我将让它漂浮在池塘当中，其意象如同虎丘的池中小岛，其大小最好能容纳三四人在上面品茗手谈，以这个明确的目的，我找到了第五块石，它相当平坦的表面，大概有七八平方米左右（图4-25）。加上我开始相中的那块照壁石，我已挑选了六块巨石，闫总看中了一块横云般的草玉巨石，坚持要将它一并买下。作为对我们选石痛快的回报，卖石者答应附送两块较小的横石，总计九块石头。

对着从石场拍摄的照片，我连夜修改这部分狭长石庭的设计，考虑到闫总一再的叮嘱，我需要为他相中的那块横云巨石，谋求一个合适的位置，我最终将它安置在西部弧形空腔前头（图4-26），并利用它横向展开的绵延之势，将弧形

4-25

内部隔成一处隐蔽的聊天场所，它出挑深远的近乎白玉的横纹，如今悬浮在瓦波浪深色地面的上空，成为圆洞内外最上镜头的框景横石之一（图4-27）。

作为置换，我将原计划在此种植紫藤的涡旋石，移植到东部石池的西岸，并以镶嵌的方式，嵌入尚未砌筑的隔墙之间（图4-28，图4-29）。自此，这个石池三面都以巨石环绕。对于石家赠送的那两块较小横石，我将它们分别置于池中象石的两侧，以辅佐对北部混凝土墙壁的高遮低挡。

至于我最先相中的那方照壁石，我直觉到它应当矗立在水岸台边，一如宋人山水里常有的景象——我将它置于水池西南的岸边，并在其北侧临水处特意设计了一个铺有青瓦的砖台，名之为"青瓦台"（图4-30，图4-31）。

鉴于这九块石对园林奠定的山水基调，我计划将这处园林称为九石园。

6 前序与槐谷

《桃花源记》描述的山水人境，替代了汉代以来的昆仑仙境，成为后世造园最重要的人间摹本。陶渊明仅以八字——林尽水源，便得一山，就点出造园景物的三要素——山、水、林木——林为桃花林，水为桃花源，而山疑为石山，原因是陶渊明随后的描述——初极狭，才通人——其极狭的意象，颇有石山间的一线天意象，而其——复行数十步，豁然开朗——的先狭后旷的引序，则被日本汉学家中野美代子窥出子宫或葫芦的仙境意象，随后，渔人眼中的场景——土地平旷，屋舍俨然——俨然已是一派和煦的园居景象。

表面看来，《桃花源记》描述的是空间意象，且以空间迷途暗示了其复杂程度，渔人虽处处标志，而寻者终迷津途。其空间迷途的意象，虽类似于克里特的几何迷宫，而迷宫与迷途的经营旨趣却大相径庭，建筑师代达罗斯设计的几何迷宫，旨在保护其中的牛头人身怪物免遭伤害，其功用类似城

4-27

4-28

4-29

4-30

4-31

堡，文人陶渊明构思的山水迷途，旨在让生活其间的人忘记时间——不知有汉，无论魏晋，因此它并不拒绝，而是诱人深入，它并非以几何手段来制造无差异的迷宫隔墙，而是以迷途导向自然无比丰饶的多样性，让人沉迷其间，继而忘记时间。

因此，造园首要之事，当属如何设置迷途般的入口前序。

今年初春，山水草成时，台湾建筑师宋宏泰前来参观，他是少数看出我设计的三座红砖建筑的朋友，且都还能提出中肯建议。对于红砖美术馆的庭院部分如何折入山林，他特意指出它缺乏如清水会馆一样的幽邃前序（图 4-32）。因为解释这一点，将过于烦琐，当时就笑而未答。

当年，路易·康在金贝尔美术馆遭遇过前序失序的情况，他在美术馆前面请人设计了水池、喷泉与树林交织的庭园前序，康后来痛斥参观者的车行习惯，他们多半将车开入地下停车库，直截了当地进入美术馆，那些精美的前序最终失效。红砖美术馆类似的郊区位置，使我无法控制人们遵循——进入美术馆—通过庭院—折入山林的行游秩序。

作为对人们车行习惯的妥协，我将进入园林的主要前序，设置在停车场周围。基于停车后人们上山下水的高程，我将园林西侧的停车场抬高 1.2 米，一方面，它在马路上 2.4 米的外观高度，是围墙的有效高度，而在抬高的停车场内部，这堵围墙将变成无碍视野的 1.2 米矮墙，额外但最重要的考量则是，停车之后，人们上山下水的高度，都只有半层楼高。

这一侧的土山高度，因此也只有半层高，我在它的南部，设计了一个方便下到水面的入口，其中一个入口，将沿着砖墙踏步，下到安置有草玉巨石的西部石庭（图 4-33），透过南墙上的圆门洞，隐约可窥见南侧池塘，将走出园洞，进入池塘驳岸，如果继续前行，将进入嵌有三山巨石的中部石庭，这是一处路径交错的节点——往南可走出大墙，往东则是有着瀑布石的石池，往北则进入有四条迷途的槐谷庭。

我在停车场北部设计的一个隐秘入口，才是我为那些有心游园者设计的中意前序，其名槐谷。槐谷之槐——是其两侧土山上广植槐树的浓荫意象，它是对冯纪忠设计的方塔园堑道的复述（图 4-34）。当日与童明仰视堑道上空遮天蔽日的香樟密林，忍不住在石阶上静坐良久，曾思及如何为这处迷人之道设置暂时逗留的坐具，这一思考，造就了槐谷之谷如今上大下小的意象（图 4-35，图 4-36），它将美术馆圆庭的错落踏步拉宽变长，以提供攀爬上山或逗留落座。我将适于北方生长的槐树，替代了方塔园堑道两侧的南方香樟，我期待它们的树荫将覆盖整个槐谷。有个月夜，这些青砖条凳端头镶嵌的浅色青石，交错于斑驳的月影之下，一时很有些树影婆娑的未来意象。

这条槐谷，从西北向东南跌落，最终通往卧于土山间的槐谷庭。

7 槐谷庭的意象经营

我曾在《化境八章》里，批评过贝聿铭设计的香山饭店。为消解饭店标间的标准化外观，贝聿铭用中国灯笼的图案，为标准化的窗户制造中国式图案，但它依旧没能摆脱标准化的造型单一，只是从无装饰的标准化窗户，走向有装饰的标准化窗户（图 4-37），且其装饰，也无关饭店周围的山水古木，而呈现出窗户造型的符号自明。他虽然频频引用计成建议的"以壁为纸，以石为绘"，结果也只是将它当成苏州博物馆假山的造型由头，却不知计成的这一建议，正是与自明性造型截然相对的互成性图景。

计成在"峭壁山"一节里，曾叙述过它的互成性义理：

峭壁山者，靠壁理也。藉以粉壁为纸，以石为绘也。理者相石皴纹，仿古人笔意，植黄山松柏、古梅、美竹，收之圆窗，宛然镜游也。

粉壁上开设的圆窗，或许一样标准，但其窗景的多样性，不在窗自明的装饰形状，而在窗—景媾和的关系图景里——

4-32

4-33

4-34

4-37

4-35

4-36

窗＋景，随着景物的差异——松柏、古梅、美竹，加上皴法考究的峭壁山景，即便将它们分别收入一样标准化的圆窗，它们也能媾和出多样性的窗景关系。

基于在寄畅园里的发现——窗虽标准，但媾和差异景物后的别致（图 4-38），我刻意将山南的那堵大墙，设计出三个一样的圆洞，以将它们背后差异的景物——山、水、林木——媾和为诱人深入的多样性门景。以类似的考量，我在卧于山间槐谷庭的四壁上，也开设了四个一样的方洞，分别通向东部土山、南部石庭、西部槐谷、北部石涧（图 4-39），而这个汇聚了四条迷途的槐谷庭本身，则成为景物的枢纽。在庭西北，我设置了两条曲尺形条凳，分别用以避寒消暑时小憩；在庭东植树两棵以遮蔽上山一途；在庭中设置了一条石涧（图 4-40），作为北部一线天石涧的余脉，就功能而言，它还将北部圆墙之水与庭东石池之水，以循环水的方式保持关联。

就在隔壁石池里那块如象的巨石就位之后，有次偶然从槐谷庭东侧尚未收顶的墙上，窥见那块象石魁梧的背影，月色间竟如远山浓淡意，作为即景，我让工人将这处缺口下的剪力墙往下砸了 30 厘米，然后用砖过梁将它框入庭中，作为庭中石涧与那侧石池未来瀑布声的视觉节点。

今年春天，闫总派来负责苗木的许夏告诉我，瀑布石东侧的几株树木，总是难以成活，还说树池里总有无端的积水。我向他说起当初挖掘池塘时，就在这个位置，曾挖出过一处薄木棺椁，一旁的工人还佐证说工头连夜就地烧了些纸钱，我虽不全信这些蹊跷间的关联，总觉得也该为此事做些什么。有天中午，独在庭中，忽然记起闫总去年买来的几件石器，曾让我找个合适的地方将它们派上用场，我记起其中就有块青石碑头，立刻前往料场查看。我看不出它是古物还是赝品，它约莫半米来高，四面都雕有纹饰，每面纹饰中各有两字——迎旭、皇清、拱岩、荷麻，我相中了"拱岩"二字，决定将它置于槐谷庭东南侧，让它正对被横幅框起来的那条如远山

4-38

4-39

4-40

的象石，"拱岩"的碑文面朝西南，以示对东南壁外这块自然山石的拱卫（图4-41），也期望着这块碑石能隔着石池，对远东曾经的墓地致歉。当我意识到与"拱岩"相对的碑文"迎旭"，正处其应有的东南方位时，我意识到，我对这块碑头的位置经营已不可变易，我有种难以言表的欣慰。

8 老侯与石涧

在槐谷庭中，与上大下小的槐谷镜像对称的，是一条上小下大的石涧，它以一线天为意象，自北向南折入扭转了45°的槐谷庭。涧中铺设的弯曲石径，是我与石匠老侯合作的结果，其经历最接近郭熙在败壁间经营山水的遭遇。

老侯自幼从事叠石，有着如今罕见的职业自豪感。闫总雇他本是为了给池塘驳岸，他以娴熟的技巧，对池塘东北角进行过高低起伏的试叠，我赞赏他了解石性，却对未来的池岸叠法提出明确要求——因为池塘不大，我不希望石头以我不明旨趣的起伏手法处理，我希望面层的石头尽量选择大而平整的石块，我向他解释这一做法的事半功倍——表面平整将扩大池岸可行走的范围，而大石块用于盖石，还将有利于出挑藏水，藏水的结果，又将扩大小河水面的延展意象。他按照我说的方式，试着堆垒东南侧的池岸，效果我们都比较满意。到了池西北部，已近年关，东家资金的一时拖欠，显然影响到他的情趣，尤其是西北侧池岸的堆叠，又开始高低起伏得有些心不在焉。

他对我的批评，还算诚恳接受，他说他一向痛恨外行们的指手画脚，这次却愿意听从我的建议，原因是我能将相关风水的藏水问题讲得通俗易懂。另外，他说对我镶嵌在墙里的那几块巨石相当欣赏，尤其是那块伸出墙壁的瀑布石，更是他几十年叠石经验里前所未见的巧妙。比之于同行们的恭维，我对来自工匠的赞许更加受用。我与他日渐信任的交情，最终在那条石涧的合作中得以体现。

石涧上小下大的空间纯属偶然，年初来工地发现，计划的石头挡土墙部分已浇筑为剪力墙，涧西已浇筑完毕，涧东

也立满钢筋网，正准备支模板，心中虽然不快，但也意识到剪力墙有倾斜的潜力，建议工人将上部钢筋往外松撒60厘米，就造就了如今的空间现状。偶然与分别帮我绘制过庭园图纸的万露、周仪一起考察这处空间时，他们一致建议我将地面做成石涧，而非贴着墙根的一条水渠。

我同意石涧的改造，却对石涧如何施造，心中无底，就与老侯商议，我描述了我的计划——将来整个石涧里都是水，水中将铺设一条石径，他笑嘻嘻地说我知道了，我做过这类石径很多回了，你就先回去吧，明天你我说不定就做好了。

次日，等换车加步行地来到工地，已近中午，老侯果然完成了石涧的一半铺设（图4-42），我却大失所望，我猜老

4-41

候是按日本茶庭里的飞石布置的——石头间距均匀，将人渡送涧中，我对这一飞石铺设在茶庭的缘由做出说明——它要求人们关注脚底而心无旁骛，而我却要求人们在石径上能偶然抬头观望一线天，飞石的等距铺法，在仰视时将有滑落的危险。午饭后，我与他一起试叠了北部入口的一折，我一边调度石块，一边向他描述要点，因为属于石涧转折的起点，起势相当关键，因循空间的曲折，需选择有倾斜走势的石头匹配其折，每块石头自有其折，但石径的总体走势将筛选其折。石头用量陡然增加，铺设的速度也随即降低，一个下午，我们也只完成了这一折，在转折处，老侯成功地用两块石头拼合成一块大石，藏入原来用以干挂石材的混凝土梁下，并将这处放大的平台（图4-43），当作抬头仰视的停留与转折处。

临走前，我在这处平台往南安置了另两块石头，以确定明日老侯铺石的基本走势，我对老侯交待，尽管中间这段狭长空间自身平直无折，但还是要因着石头的走势稍有曲折。他示意他明白我的用意，再一次宽慰我晚上睡个好觉。

明日再来，我从涧南进入，看见老侯他们热火朝天地将工程进展到接近尾声，看见我来，都停了下来，我上下前后地走走看看，心里有些失望，却一时难以言表，我的沉默，感染了工人们，我将老侯带到土山上，俯瞰石涧铺设过半的石头情状（图4-44），我说你对石头的走势把握得很好，可是，你看，涧中七折是不是过多了些？而且这七折是不是也太匀当了些？

他沉默良久，说那我们重来，你说我干。下到涧中，心里也有些畏惧，曲折的石阵，已将狭窄的空间挤满，从堆场挑选石头搬运过来，既困难也易惹怒工人，我只能就近搬运腾挪，这既需要眼光的准确，也需要判断的迅捷。我尽量不调整石头的次序，只微调它们的距离与走势，几何优先的建筑学秩序在此全然失效，我却理解了石看三面的山水训诫，其细微的走势，既取决于才铺设的这块石头的卯口，也取决于对将铺之石的走势预判，这些都将取决于对手边之石的相面决断。最终，我们赶在落日前，完成了石涧的三分之二。

4-42

4-44

4-43

在收尾时，我发现这块石头有个明显的缺陷，它的正面崩落成一个近乎直角的缺口，这一次老侯自告奋勇地跑到外面的料场，挑来一块有着阳角的石头，拼在这个阴角上，它们近乎天衣无缝的拼口，让我们相互点烟庆祝，并缓解了整个下午稍显沉闷的氛围。

剩余部分，老侯比较出色地独立完成。事后，我们双双挤在洞口向内张望（图4-45），我向他敬烟为他点燃，自己也燃上一支，青烟缥缈于洞口，我在想象石径飘忽于水面的未来情形，老侯却忽然向我发问：

你是如何确定这条石径的形状呢？

水！心里想着这条洞里的水应有大小、宽窄的变化，它就基本决定了我对石头走势的总体控制。

那么，石头的形状呢？

这个问题，完全具备我与研究生讨论园林的深度。当年我让张翼研究计成《园冶》相关掇山理水的部分时，他提出了这个问题的这一面——计成讨论掇山之处，多而具体，却对理水之事，很少谈及。以互成性的中国山水而言，描述不同的山脚形状，基本就勾勒出水的形势，这是"计白当黑"的方式，在回答老侯这个问题时，我出示的答案在另一面——对水形的意象操作，反过来也能成就石径的器形——"计黑也可当白"，这正是互成性山水的互成两面。

老侯显然理解了我当时的回答，他注视着洞中那条蜿蜒的石路，忽然说它形如游龙游水，我不置可否，他却来了兴致，他谈及已驳岸完成的池塘形状，他说当初第一眼看见我的池形简图时，就意识到它有风水的蕴含，他说我后来取消池南东西两块悬挑于水的混凝土板，对此形势牺牲巨大。我取消它们，原是基于对工地监理鹿鸣的同情，他自己虽被近来参观者的赞美激起了一些兴致，而持续两年离家的监理生活，早已让他厌倦至深，他对工程末尾还要去水下浇筑混凝土挑板心存不甘，他建议我取消混凝土板，而让老侯以叠石方法完成，我同意了取消它们的要求。

4-45

在我而言，那两块挑板的来历与风水无关，东边那块挑板，原本将板下的藏水带到后来增建的茶轩处，西边的那块，原本也能抵达青瓦台下沿，以此作为我不能在水边经营亭榭建筑的挑台补充。老侯却觉得我设计那两块悬板，旨在为这个水池描摹出一幅鲤鱼跃龙门的吉祥池形，他不但将那两块挑板当作鲤鱼尾鳍的两翼，还将我设计的十七孔桥描述为堤坝，而鲤鱼跃起的姿态，则被他投射到那块穿墙而出的瀑布石上。

我难以接受这种风水趣味的诠释，因为它无法描述，建筑学自身的理论晦涩，已然让我失去耐心。我确信风水初始，一定包含有直接切入要害的道理，我信任苏轼对如今沦落为趣味之趣的诠释——反常合道谓之趣，与之对称的，则是白居易的《大巧若拙赋》里的说法——不凝滞于物，必简易于事。

只因不能辨析物象背后的简易道理，就只剩对前台反常造型的变态迷恋。

9 现成品与即景

合道的感悟，应不晦涩，而是剔除冗余成见的简单直接。日本当年的唐风趣味，完全不输于中国建筑界曾刮起的欧陆风，以及当代正掀起的日本风。千利休对唐风的当年修正是——不能将唐风等同于好的，而应将好的视为唐风，他翻转了趣味化的唐风，而将唐风视为洞察器物义理的直觉鉴赏力。

他曾挖掘出当代流行的现成品的直观潜力——他废除用以净手的蹲踞里传统的唐风趣味，而将蹲踞定义为有着凹龛蓄水的石器物（图4-46）。于是，任何一截残败柱础，都可能是一件理想的净手蹲踞——柱础原属石作，且中间正有一个或方或圆的凹槽，这个凹槽，原本用以榫卯其上木柱，原非为蹲踞蓄水所设，因其凹理一致，遂能因物不改地成就反常的蹲踞造型。就现成品的反常合道的简易使用，也可归属于互成性的媾和问题，在这次庭园设计中，除开对槐谷庭那座青石碑头的现成品使用外，它还曾以多种面貌呈现：

（1）十七孔桥：我曾在清水会馆里尝试过，混凝土管与桥共享了它们通水的功用，也共享了拱桥与管道的起拱道理，我只需在它上面架设桥面（图4-47），就能省去架桥起拱的那一半人工。

（2）围墙凸圆角：原有围墙没有这个圆角，拆除重建时，忽然发现邻居在角部新种了棵杉树，为了绕开它，围墙就绕出一个凸圆角，我将它当作现成品，在它周围砌筑了一个同心圆植物池，再在它周围砌筑了一圈坐高砖墙，虽然有欠精致（图4-48），后来常常看见工人与园丁在此落座，这正是我处置它时的即景本意。

（3）围墙弧凸：基于一样的缘由，与邻居相邻的东墙中部，忽然凸起一段弧凸，我将它一样看做现成品，借机在它对面设计一面弧线对称的透空矮墙，并将其间的地面起拱如桥，透空矮墙就此变成小桥栏杆，可为十七孔桥那端圆洞框景之用（图4-49，图4-50）。

余下几件设计，已不能称之为现成品，它们或为改造，或为即景而为，就道理而言，即景与改造，都属于对现成品的互成性反应——如果将现成品的器物范围，扩大至建筑或环境。这类设计，都将殊途同归于关系的媾和。

（4）叠涩屋：池北堆了两座不高土山，中间夹着一个四面圆洞的无顶水榭，原本计划用土山挡住邻居那一撇别墅，土山不高，却可期待未来的植物遮挡，而从对岸看，中间的无顶水榭却无法遮蔽别墅，遂于现场交代鹿鸣，将收顶砖向东叠涩，叠出东高西低的模样（图4-51—图4-53），东高以避邻屋，西低以就湖景，这是我得意的即景之一。

（5）漏斗窗：位于美术馆门厅上部夹层，我在通往室外楼梯的一堵斜墙上开设了一个沙漏形窗，其反常的形状，曾引起过几位艺术家的好奇，其形状的反常缘由，依旧来自对环境的即景——我不想看见对面的别墅，却希望受下部红青庭以及上部天空的诱惑，依照砖的叠涩功法，它生成出中间封闭上下贯通的沙漏模样（图4-54）。

4-47

4-46

4-48

4-50

4-52

4-53

4-55

4-54

（6）酒吧间：位于小教庭西侧，是对原有曲尺形简陋工棚的改造，我将它改造为两层——卧下半层的地下室用于机房，其上抬高半层的则是酒吧间，因其酒吧的名目，尝试对酒瓶的现成品使用，其用意颇佳——以渐变的瓶颈，上下塞入砌块的圆孔之间，遂成瓶壁一堵，虽将其置于南墙，也尝试将其内空压暗（图4-55），惜乎南墙外有美术馆更高南墙，阳光罕能照亮瓶壁，室内亦少见绿色幽光，反倒屏蔽了北部山水。倒是屋内东侧颇大方窗，以圆孔砌块镶边，以其位置高敞，可将园中美景尽收窗内（图4-56）。此屋甚简，唯以位置经营得当，遂能所见甚佳。

（7）藤庭：停车场北，原计划为回车圆径，曾于圆径中设置一圈圆池，池中种龙爪槐以庇荫，池外以砖凳一圈，以为官僚大腕的司机们停留小憩。后经曹梅测试，双排停车位之间的空场，足以自行倒车，遂将圆径修改为露天圆剧场，司机不用时，可与土山共用为观演场所。今年初，甲方声称将它建成带顶的屋子，屋顶以展示冰岛艺术家的一件环状装置作品，虽疑心又是面积欲望作祟，亦将对房中种树的欲望（图4-57），投射于此，且能以圆环遮蔽且导向东侧槐谷入口（图4-58）。至于司机，仅以更北的牌亭聊作安慰，这座牌亭兼上山的楼梯做法，亦是清水会馆的得意之处。

（8）四水归堂：在别墅这一瞥的南侧，作为消防水池的上空构筑物，我曾计划将它设计为西部主入口的主要前序。因为不愿将巨大容量的消防水池隐藏地下，我将这个水池上空设计一圈环廊，四坡坡向水池，且以瓦间滴水入池循环池水，以构成前序四水归堂的听雨诗意，再一次地，甲方对经营面积的迷恋而中途变更为小餐厅，虽惋惜此处前序的丧失，也乐于将最近对坡顶阁楼的兴趣投射其间（图4-59），并尝试以混凝土结构诠释木结构的表现潜力，这是我新近拓展的兴趣之一。

（9）飘窗：相比之下，对四水归堂西部这撇别墅改造，让我懊悔，当初闫总曾慷慨许诺我可以拆除重建，我以经济性缘由保留了它，如今它矗立在池西，圆角巨大的体量感对

4-57

4-56

池塘造成难以处理的阻碍。对于闫总将它改建为办公的计划，我只建议将它单坡的一撇上空加个阁楼，并自此以上屋顶观景，并将楼梯间的休息平台放大为两个观望北山的景龛，如今它们成为整座小楼里人们最迷恋的场所。比较得意的即景之作，则是为闫总二楼的办公室架设了一个飘窗，它直逼一株新近种植的枫树（图4-60），是园中鸟瞰山水的最佳视点。最近，一位中国美院的学生，从园子里仰视这个飘窗许久，说她总觉得里头会走出一位国王。

（10）下沉办公院：闫总还是急需新建一处办公室，以弥补美术馆夹层办公的挪作他用。作为藏屋于山的技巧，我设计了一组单层的庭院建筑，并将它藏于北山以北（图4-61）。我特意设计了三面出挑的挑廊，依照正梁反梁与板的上下关系，从底下看天花底板，则廊低屋高，从屋顶看屋面板，则反成为三边有凹槽而中间抬高的台地，我在由于挑廊反梁形成的三面凹槽里，填土植篱，以充当屋顶平台的一圈栏杆，中间楼板的土浅只能植草，并将屋顶平台装扮为被绿篱环绕的草坪模样。这一伪装富有成效，尤其是它西南两侧正是堆土种树的土山。为匹配土山上的这些林木意象，我特地在庭院中间设计了一个抬高半层的砖台（图4-62），台上植树，不仅期望它们能为屋顶草坪遮阴，还期望这些树木，将与土山之林木和光同尘地混为一体。

即便有施工图的几处奇怪失误，这个快速设计出的庭院，算是我相当得意的一笔。作为事一功倍里最迫切的意象，却来自对它北部湿地景物的向往，我当初正是在那边的池塘里，推测我将挖掘池塘的未来水位，将这处屋顶草坪，看作观

望北部开阔草坪的重要节点，为此，我曾不顾闫总与同行们的反对，我坚持将屋顶凹槽里种上两米高的整齐篱笆，虽然给了它们西方造园的几何意象，我却将它们视为中国造园里抑扬顿挫的重要环节，我希望这些如壁的绿篱，既能将屋顶平台围合为隐蔽的篱院，也能有效中断进入它之前的视线与猜想，并假设过两种进入它的隐秘途径——从槐谷庭周围多处途径上山，进入屋顶平台南部土山的密林，折入如墙般高密的绿篱小口；或者从石洞或东西另两条途径在山下徘徊，进入庭院北部出挑的低矮檐口，它比邻邻居的一堵旧有围墙，檐廊与围墙将这条路径的空间忽然压低压暗，然后折入庭院入口的圆门洞，攀上半层高的有树平台，再爬上半层，则与第一条途径相会，一样进入南部密林，一样折入被如墙绿篱围合的篱院，经过这一系列抑扬顿挫的空间转折，然后，透过圆门洞上部平台的一个方形敞口，然后，就忽然看见远处无边无际的湿地，它们直抵北部隐约的远山，只有在这一处，人工制造的小可庭园，才能利用借景自然的连接，连接上北京周围连绵无尽的自然山水。

篱院南部土山的人工山林，林木还过于稀疏，还难以遮蔽这条路径，我憧憬着将来植物可以更茂密一些，我耐心等待着自然的时光馈赠。一段时间的出差之后，有天中午，工人们都在短暂午休，工地异常安静，新植的山林里已有些鸟蝉声，我独自穿过石洞，进入那幢小院的东侧，折过小院北墙，忽然发现邻居斑驳的围墙焕然一新，围墙与低檐间的缝光亦被遮蔽，我曾计划就着这条缝光种植藤萝，此刻，面对无光无色的这条狭路，我大惊失色，有些踉跄地爬上屋顶，却发现隔壁已建成一幢钢结构的房屋（图4-63），看架势还要修建二层。我诧异邻居通长的二楼阳台，居然可以探入这座小院的屋顶上空，我从没设想过这种邻里关系，也难以想象回转数折的抑扬顿挫，最终将直面一幢钢结构建筑的情形。我后来听建造它的工人们说，邻居想将这个草顶绿篱的平台当作他的前院，以便自由进入我所设计的庭园，我还听说，它未来的面目将会是三层。

当年，当我设计的第一座艺术家工作室建成时，我意识到我不在工地对建筑的巨大损失；在随后的水边宅，我学会进驻工地以担保质量；当水边宅建成时，我又意识到不能与甲方建立良好关系，也将对最终建成品失去控制；在更后的清水会馆，我与甲方相处的关系，虽让许多同行们都心生嫉妒，我却意识到他随后造园的力不从心；如今，在这座美术馆的造园活动中，我对造园已有所心得，却在最后借景的位置关卡，忽然遭遇邻居忽起高楼的屏障。我扪心自问，我未来还应该继续学习吗？我还得学会如何与甲方的邻里们搞好各种关系，以担保建筑或造园的质量么？

不，我无意于经营如此遥远的罕见人事，我只能罢手，并只能相信——尽人力，知天命。

时间：2012 年 8 月 10 日
地点：何各庄村一号地国际艺术园区红砖美术馆现场
主持：王明贤（中国艺术研究院建筑艺术研究所副所长）

对谈嘉宾（按姓氏笔画排列）：
王丽方（清华大学建筑学院教授）
闫士杰（凰家地产董事长，红砖美术馆甲方）
李兴钢（中国建筑设计研究院副总建筑师）
李凯生（中国美术学院建筑艺术学院副院长）
金秋野（北京建筑工程学院建筑系副教授）
黄居正（《建筑师》主编）
葛明（东南大学建筑学院副教授）
童明（同济大学建筑与城市规划学院教授）
董豫赣（北京大学建筑学研究中心副教授）

红砖美术馆研讨会

王明贤： 红砖美术馆及其庭园的研讨会现在开始，感谢各位建筑学者的光临，也感谢美术馆甲方的光临。红砖美术馆及庭园的建筑设计，董豫赣呕心沥血做了 5 年，闫总也大力支持。我们今天的研讨会虽然是小规模的，但是想从学术角度来谈。中国的园林实际上有非常精彩的地方，董豫赣这么多年也一直在做中国园林的研究，但是有这样一个机会，能够大规模实现他的建筑理想，我想也是非常难得的。下面就请董豫赣自己介绍作品。

董豫赣： 昨天已跟他们陆陆续续看了，陆陆续续地讲了，我自己讲得也有点烦了，这几年，一直在做这个项目，到哪都在讲这个项目。

王明贤： 那咱们现在开始研讨，各位谁先开始？

葛明： 王老师好像示意我先来。老董和我聊天时曾说他一直对庭园特别有兴趣，我说，老董你就争取做一个中国庭园建筑师的代表吧。

如果作为庭园建筑师，起码有两个要素要同时思考：一个是空间模式，一个是与自然的关系。现在的一些建筑师包括我自己，做设计的时候一般会有一个选择，比如根据设计条件的限制，争取在空间模式上有一点突破，或者说在材料上、结构上有突破。虽然空间和材料、结构是密不可分的，但每个房子的机会还是不一样。

但如果作为庭园建筑师的话，那么就是希望能控制整个房子，不仅控制内部，也控制外部，这是最理想的，但是这种机会又不是很多。如果愿意只集中做这类东西，这其实意味着一种慎重的选择，那么就有了一致性。另外，空间模式的特色离不开材料，如果有了庭园，也就比较清楚了，因为最好的材料就来自于对自然的衬托，就是说这个材料本身有一个目的，能让自然更出得来，让空间模式更好地展开。

这是我的第一个感想。因为老董连续做了几个这样的房子，也越来越成熟，斯里兰卡的巴瓦、墨西哥的巴拉干，也都是庭园建筑师。

第二个感想，是否心要再大一点，像日本的筱原一男。他的住宅并不只是一个住宅，显然，他把住宅当成研究他的建筑学的主要载体，是把城市和建筑问题放在一起考虑的东西。比如住宅和住宅之间的空，他很关心，对住宅的内部空间也很关心，放在一起，就是要有空间关系，但是如果只有空间关系而没有几何空间的要求，空间特质又出不来。所以始终感觉他在同时处理空间关系和处理特定状况的空间。

如果老董成了庭园建筑师，我不知道他有没有这个兴趣，把它推广到城市建筑里，甚至鼓励他的弟子也如此。因为如果只有他一个人，那就可能只有一个有个性的庭园建筑师。当然不这样也没关系，巴拉干就不一定要讨论城市建筑。

第三个感想，比起清水会馆，我更喜欢红砖美术馆一些，原因很简单，混凝土的材料或者白墙和砖墙凝固在一起，我觉得这更现代。因为做砖从某个角度来说有很大的危险，它有一定的象征性，有了象征以后，总觉得就不能完成一个对古代事情的转换。如果有一些现代的材料介入会利于突破，当然有现代的材料不见得现代。

现在像中庭的这层板看起来特别薄，砖又特别厚、特别重，而顶上的东西又比较巧，轻的、重的来回转换，非常有意思，我觉得破掉了砖可能带来的弊端——象征。

另外举个例子，像柯里亚早期的房子，我很喜欢，他那时刚从美国回来，很现代，有着结构主义的影子，到后来他的文化负担太重，越来越象征，就越来越不好，和他同期的多西，就一直坚持现代，他的建筑看起来没有象征的东西又很印度。再比如墨西哥，他们的文化负担也挺大，有一篇讨论巴拉干的文章说，当时大家都觉得他的房子完全不像墨西哥的，但是现在都觉得他的房子就是墨西哥文化的代表，他同样去象征去得好。

在红砖美术馆里，我觉得去象征化迈出了一步，但还有的地方坦率地讲，如果去象征能更坚决一些、胆子更大一些，会更好。如果象征去得好，砖又能够恰当地使用，把庭园建筑延伸为城市建筑问题也许会更有利。另外，一楼的有些地方红砖裹着白墙，加上黑的扶手，二楼基本以白的为主，都很好。我有一个建议，如果把上二楼的木楼梯直接变成一个黑楼梯，会更清晰一些，因为黑楼梯直接和顶上的梁一致。当然这是我个人的趣味，或许是因为对于这个房子的现代与否，一直很关心。

最后要说的是，现代的是不是好，这是另外一件事，但不管怎么说，砖的使用或者古代园林的使用，一定要建立在一种批判的意图上，而批判又不能忘掉原本要学习自然这一事情。红砖美术馆比起清水会馆，在这上面往前进了一步。

另外这个房子的尺度也相对大一点，其实我觉得这一尺度的东西对于老董来说更合适一些。

董豫赣：我现在觉得，几万平方米的尺度，可能也适合我。

葛明：清水会馆的红砖密集得不得了，效果是不错的，就是展开不够。我为什么这么理解呢？因为要把红砖的象征性去掉，一个是靠材料，还有一个是靠空，而红砖美术馆正好有恰当的空，所以我觉得现在这个尺度是不错的，望老董以后能充分考虑空对砖的作用。我就先说这三点。

董豫赣：葛明刚才讲的庭园建筑师定位，之前确实对我讲过，但我不会把它当成一个目标，庭园设计，确实是我这几年的乐趣，但不是基于庭园建筑的形式，而是基于对中国人过去生活的想象。所以，葛明刚才提的庭园向城市扩展的野心，对这种生活而言，就不是野心，我在即将出版的讲义里，曾谈到这点，庭院能否跟城市发生关系？这些年，最著名的一本谈城市的书，是《美国大城市的死与生》，那本书谈到，城市的生机指标在于街道，我想，这或许适宜讨论西方城市，因为西方的街道，就是建筑的外部剩余，而中国传统的城市街道，从来就不是这样造的，都是房子前面有一个自己的庭园，庭园之后才是街道，所以中国的城市活力，即便街道冷清无人，但你会发现城市内部热闹极了，它的活力完全可以不只发生在街道上。如果我们能坚持庭院生活的理想，就意味着将有一种迥异于西方街道的城市生机。我们想象一下，过去中国的城市公共生活，文人雅集或市集庙会，一直都隐秘或公开地在庭或者园里面发生。

葛明的第二个问题是去象征化。我只愿意讨论更直接的目标——好的现代，或好的象征，而非植入或去除现代或象征本身，我不想把象征或者现代，事先认定为一个或好或坏的价值。很多年来，我们习惯把时代当成价值，当时是现代主义，柯布用白色剔除了折衷主义建筑的象征性，后现代又试图重新将象征带入建筑，仅仅谈及这一层，我为闫总接下来在宋庄设计的一个美术馆，恰恰证明砖或者白色，都只是起点，它们自身都不是我追求的价值，这个房子以刷白为主，以混凝土砌块为边框，有人会说，白色是中国的要素、它自身就有象征化趋势，但它也是现代主义去象征的白，我们将如何纠缠其间？

对我而言，重要的是对庭园生活的想象，文徵明绘制的

园林有几何篱笆，有毛石还有夯土，所以用砖可以，刷白也可以，你还可以用钢、混凝土，重要的是用它们准确表达园林生活意象，而非在意识形态上讨论它们的时代性，在后面这层含义上，白色与砖，都将被符号化与庸俗化。

我也同意葛明讲的，一个庸俗的象征化，就会觉得一个中国庭园就应该是这样，白墙绿树。如果我们讨论生活本身，它不应该有这样的具象限制。如果用白墙的映衬自然能有助于园林意象，用砖做家具，也将表达生活于自然中的场景，它们就是一致的。

现在，李凯生正在深圳造一个园子，他有另外的美妙起点，他的园子里，可以同时盖房子，他准备用密斯的建筑方式，来造园林中的房子。所以，我觉得用什么方法来造园子都不太重要，重要的是所要表达的意象是否清晰。前不久去苏州，我和童明去看了一个140平方米的小园子——残粒园，我当时在想，假设我或者葛明给学生布置作业的时候，如果房子外面只有一块140平方米的空地，我自己最多觉得可以想象它是一个庭园，但很难假设它会是一个园林尺度，但是，100年前，前人真的做到了。昨天和王丽方老师聊起这事的时候，我认为不是时代品味出现的问题，而是时代理想缺失的问题，如果没有这种园居理想，他不会在如此狭小的用地里，依然坚持造园，而有了这个理想，才可以讨论如何建造并品味它们。我也同意王老师当时讲的，苏州园林多半也不是精品，它们过去的规模性批量生产，或者相互模仿的跟风现象，和现在房地产别墅的情形非常类似，只是由于当代别墅的居住摹本，远远不如庭园居住的摹本，所以当代大量的别墅生产，总体水平，远远低于苏州那些同样机制下生产出来的城市结果。

为了回到葛明的城市野心问题，我自问，从不希望自己是个有野心的人，我希望凭兴趣引导。但我也确信，他提到的城市和庭院生活的关系，是个特别重要的问题。

童明：红砖美术馆对我而言是一个既熟悉又陌生的建筑。由于来的时间仓促，今天在现场参观前后总共也就 30 多分钟，以至于很多角落都没能进去。但是从这个项目开始设计时起，老董就已经给我看过很多图纸和照片，所以到了现场之后，感觉还是非常熟悉。几乎每转一个角度，应该进入什么、应该呈现什么，事先都会有一个良好的预判。

对于这幢建筑本身我当然有非常多的感触，但是今天我更想谈的是关于老董的设计。因为老董的设计方式是我长期以来比较关注的，也是比较喜欢的。

从名义上讲，董豫赣一直非常执着于园林研究以及如何将中国传统文化融合到当前设计的操作中，他一直在做这方面的思考。如果从现实角度而言，我不知道我的感想是否具有代表性，老董的工作方式也是有点令人既熟悉又陌生，甚至多少有点怪。我也一直在反思这样一种感觉。

老董在介绍自己的作品以及设计过程时，往往内容非常充实，你让他讲两天两夜可能都讲不完。因为他的设计是由大量的结点、细部、植物配置和空间光影等内容所构成，每一处都非常有针对性，非常有条理性，可以说，他所下的每一笔都是极其细腻的。

但是另一方面，对于我们平常关注的有关一个建筑的总体印象，就是建筑的整体性和结构性，老董提到的不是特别多。这可能也就是我在观看老董建筑的时候，常常会形成的一种印象，也就是说他的房子是由大量的细节和片段所构成的。他似乎并不特别强调我们常规视角中对于整体性的逻辑结构的关注，因而视角显得特别个人化。这是我的第一个观感。

同时，老董的建筑是与园林紧密联系在一起的，这似乎意味着在他的设计中会呈现我们在观看苏州园林时所感受到的那些套路或者习惯做法、布局方法。但是在老董的园林或建筑中，我们所见到的实际上是非常多元化的，也是非常混杂的。我能发现有来自尼泊尔帕坦的、来自松江方塔园的、有来自柯布西耶的、来自路易·康的影子……老董的建筑设

计基本上就是他的经历和记忆，以及由此而来的错综交织。

当然从设计的叙述角度而言，我觉得老董的设计是极富理性的。就如刚才在上面看幻灯片时所见到的，老董建筑的每一个地方都有非常清晰的交代：原有的结构怎么样，后续的处理怎么样；在哪发现了光，如何使之展现出来……我不知道这样来描述是否准确：我对于董豫赣做建筑设计的整体印象，就是局部非常精准，但是并不试图在总体上操心过多。比如刚才提到的红砖，或者"去象征性"，我相信老董并不纠结于这方面的考虑。

我认为老董所谓的园林，实际上跟人们常规的理解不太一样，因为这并不完全是一个具象的园林，一个有关自然景观和人工建筑之间的主题，虽然这在他的设计中占据着主导，但事实上仍然还有大量其他的因素。我认为正统的建筑理论，或者正统的建筑作品在他身上也留下了同样深刻的烙印。

与传统园林一样，在老董的设计里，最重要的是他不太在乎什么界限、什么区分、什么规矩，重要的是如何进入一种设计状态，能够专注于具体和扎实的操作性细部。

因此，我觉得这可能会把关于建筑设计的讨论带入到一个更加前置的部位。也就是说，当我们把园林作为一种观照对象，或者把某一种建筑设计作为观照对象之前，我们如何开始设计。

今天我看到两张照片特别有感触，我相信作为现场建筑师也是经常会遇到的。

第一张照片就是在整个建筑场地开始进行平整的时候。整个基地从空中俯瞰下去就是一个破厂房以及后面一块空地。这就是一个问题，在这样一种空白状态中，建筑师怎样开始设计？

第二张照片就是老董像一只猴子蹲在树上，指挥如何将买来的一堆石头吊装进来，这个场景我也曾经经历过。就是说，当闫总将买进来的石头无序地堆放在那儿的时候，下一步就是需要进行快速的分类并且将它们每一块放置在它们应

该放置的地方，有的可以独矗，有的可以嵌墙，有的可以堆叠，这需要建筑师在瞬间做出非常精准的判断，因为起重吊机不会在那儿等你太久。这是对建筑师素质真正的考验，这就是所谓的胸有成竹，而且我觉得这就是设计的一个分野点。

我先讲老董可能不太赞扬的那一方面。就是在设计之前，最终的结果就应当基本成形。于是一个先在的规矩就十分重要，建筑设计基本上就是制定一个网格系统，当偶然因素发生时，可以不假思索、按部就班地把它放置进去。

而老董所从事的，我觉得几乎就基于他个人鲜活的感知和感觉。当场地是一片空白的时候，他也几乎是一片空白。但是他会随着时间的进展将它填实，而不借助于任何现成的工具或者先定的规则。他所关注的是过程的清晰性而不是事先的清晰性。面对一种无法事先判断也无法事先厘清的场面，这样一种随波逐流的游戏是需要极强的自信心的。就这一点而言，我所能看到的建筑师还真的不多。

董豫赣是一个充满自信的人，就如同他猴在树上的时候，看着下面的一片忙乱，非常稳当地处理这一切。这就是造园时的那种"能主之人"。每一次造园并不是需要你去发明或者关心一种特殊的形制，而是如何迅速地感知现场所存在的一切并且使之有机成形，我认为对于今天而言，这才是一个特别有价值和有意义的地方。

老董的意义就在于这里，他把设计回归到一种个人化的知识体验和感知触觉上来，我觉得这是非常宝贵的，而且这也恰恰是园林的起点。想象一下，当园林还是一片平地的时候，也会经历这样一个非常空白、忙乱无序的过程。作为一个画家，或者一个造园家，你会如何在一种非欧几里得几何的时空中进行把握？这将是高难度的操作。

更难的一点则在于：这是一种远距离的操作。我所谓的远距离，就是我们一般将园林理解为针对自然山水的传移摹写。这种远距离的传移摹写，就是把在深山野壑里所获得的心境感触带回家，并且在一个尺度完全不一样、建造材料完全不一样的情况下将它复现出来。这会是一个极具难度的挑战，远难于在纸卷上的水墨丹青，也是园林所真正呈现出来的价值。

我想这可能有助于我们加强关于建筑设计的另一本质层面的理解，就是它不是一种科学化的操作，而是一种精神方面的呈现。这需要建筑师能够培养自己的感知、触觉，能够凝练自己的记忆、体验，并且通过清晰的操作过程，使得一片空白的场面逐渐转化为一个内涵丰富的实体对象。

所以通过老董的设计过程，通过刚才他话语不多的介绍，我觉得老董是一个特别敏感的人。由于对于清晰设计过程的不懈追求，老董在和我们一起出去参观或者观赏园林时，常常能够看到比我们更多的东西。那些可能经常会被我们忽略掉的一些情景，譬如一块怪石、一片树影，对他来讲都是非常深刻的烙印。而这种深刻的烙印也就接下来会落实于我们现在看的红砖美术馆的各个角落。所以，红砖美术馆对我而言很多是非常熟悉的，可能是我和他一起待的时间比较多，因此思维的同质性也比较严重。

我最近也在琢磨这件事情。我们常常谈论并且担忧一种被体系化、被剥离化的建筑学方式，但是所追寻的出路往往也难脱旧辙。如何借助来自传统的思考，如何回归真正的设计，我觉得这是对于当下建筑设计的意义之所在。坦率地讲，尽管老董建筑的很多地方，可能我还是觉得有些陌生、口味不对，但老董的设计是我特别欣赏的，这是一种真诚的道路和方向。

董豫赣：我们之间确实太熟了，和他一起我得到过很多启示。我们一起出去旅行，最大的好处，是他总能发现一些我发现不了的东西，然后我就会停在那，包括我们去方塔园，还有在尼泊尔看的神道，很多人站在山谷两旁，观看下面的香客游客，那些印象，最后被我综述为美术馆这处槐谷的意象。他刚才讲的那些事情，我感同身受，因为我们私下聊得比较多，私下聊这事和公开场合聊，唯一的区别，是他对有些地方的陌生感，或者他隐含的一些批评，他没有告诉我，估计他私下会告诉我的，所以我等那时候再回应。

李兴钢：我不善于当众发言做总结，昨晚睡不着觉我将我的感受记在了手机上，我得先看看再说。昨天来到红砖美术馆，我有一个感觉，你完全进入了董豫赣的世界。这个世界我在来之前，其实只有一点有限的信息，就是之前施工时候的一些片段，印象里看到一些照片，我记得当时还不是特别理解，也没有想象到今天这个样子。但我仍然还是会有一种预料，对我将要来的这个地方，带着某种熟悉的董豫赣的预料。可是到了现场之后，虽然确实有很多意料之中的场景、细节，但仍然还是有很多的惊喜，而且我觉得特别有一种惊异感，特别是童明刚才也提到的，看到原来场地的照片，包括董老师昨天也描述过，原来这是什么样，这是一块平地，原来有这样的一个厂房，这种惊异就是说他怎么可能，怎么可以完全在这样一个几乎是白纸一样的场地上白造起一个完全属于他的世界。

我觉得这个世界让我自己有一种愿意流连其中的感觉。董豫赣从清水会馆到红砖美术馆，这不仅仅是时间的跨度，其间他也有其他种种实践的经历，我感觉他基本上完成了一种对自己的某种特定语言系统的建立和锤炼，达到了日臻娴熟、自信的状态。我想从清水会馆和红砖美术馆这两个房子对照和比较的角度，谈几点我的认识。

第一点，我觉得这两个馆都有相同或者类似的材料、构造、细节、片段、设计手法，乃至于整个的语言系统，都是类似甚至相同的。最重要的是这样一个语言系统一直是基于一种差异于西方的建筑观，同时是建立在一个中国人的生活方式和理想之上，又借鉴于园林的人工和自然关系的模型，建立并付诸现实的一个语言系统。我觉得这是董老师实践最令人尊重的地方，也是我最佩服的地方。我佩服的当然首先是他坚持自己的设计理想，这是一方面，但是更佩服的是他很自信地用这样一种，在别人看来似乎是自我重复的实践方式，通过自己的思考和实践的连续性来建立和锤炼自己的语言系统，我觉得这一点对我来讲是最佩服的。

这种佩服可能来自于，我会对比自己是不是能够做到这一点，这不仅是一个勇气的问题，而且是他能够找到这样一个值得他通过持续甚至重复的方式，不断锤炼的系统。这个系统里包括材料、构造、手法，乃至整个的价值观。能够找到这样的东西，不断地进行实验磨砺，这恰恰是我们很多人做不到的。我们看似可能在不断地一个项目接着另外一个项目，不断地出新和变化，但那可能正是因为我们并没有一个核心的，值得自己集中于那个关键的要素进行反复磨炼的这样一种线索。我觉得这是我自己所欠缺和需要努力追求的，同时也是我所佩服的。我觉得董老师在这方面非常有自信，是很值得祝贺的一件事情，而且这显然是他卓有成效的工作。总之，我认为这种反复地研究、实验和锤炼，从而达到建立语言系统必需的成熟度是一种重要的实践模式，也是需要自己学习和思考的。

第二点，比较起来看，红砖美术馆更像是清水会馆的升级版，在清水会馆，我的理解，当时记得我也谈到过这个问题，也是很多人共同的印象：董老师在当时的阶段，对于多种对仗元素的有意强调，使得清水会馆的片段感很强；而在红砖美术馆，我的感觉，即使是从对这些园林景观的命名也能看得出来，他弱化了多样的微观对仗，而使整体感大大加强，但却可以感知到一种清晰的、大的人工构筑和自然山水的对仗关系，对游园的路径也有比较清晰的引导和控制，比如说由山入水最后到达某一个位置静观整幅的山水胜景。但在这样一个大的控制之下，又不失很多丰富的微观处理和取景的体验。我有时候可能会反问自己，我们所希望看到的那种所谓的整体性，究竟有什么意义？它是不是我们原来传统思维里某种定式的、习惯性的一个苛求，但后来从童寯先生对园林三个境界的界定：疏密得宜、曲折尽致、眼前有景，以至最后的胜景，我觉得包含有整体性的控制在里面。红砖美术馆比清水会馆在这一点上有明显的改变，对董老师来讲，是有意为之，还是无为而治，这我不知道，但我自己的感受是这样的。当然，美术馆建筑部分的空间、材料、手法处理的感觉是比较轻松的，能够看出来跟清水会馆相比，董老师的重点和用力还是在园林的部分，而清水会馆里可能建筑的用力更多一些。砖材料的使用，那些别致的细节和做法，特别是比较高的完成度，仍然让人印象深刻。从完成度的角度讲，我觉得在中国范围里类似的使用普通技术和材料的项目中，应该是最高完成度的作品之一，我觉得这也是董老师一种明智的选择，这样的施工条件加上精心的控制，可以达到很高的完成度，而其他的材料和技术就未必了，这是第二点感受。

第三点我想提我特别喜欢的，红砖美术馆里跟清水会馆不同的几处地方：一处是美术馆小方厅的悬挂墙体的处理，它的材料、结构，直到人对高度和视觉的体验，我觉得都非常精彩；另一处是庭园部分的槐谷，我觉得这也是董老师从原来清水会馆的"斯卡帕台阶"发展而来的，他已经把它发展成一种人造的地形和山体；还有就是大石头的选择以及石头和墙体镶嵌的关系处理，几块石头都非常好，都有各自独到之处；再有十七孔桥我觉得非常大胆，用了一个几乎和水面最宽处同长的桥的方式，拉在水的远端，使人想象后面水面的阔大与延伸。另外，红砖美术馆里用了两种砖，一种红砖，一种青砖，建筑这部分用的是红砖，庭园这部分用的是青砖，这两种砖的使用也增强了宅园之间对仗的感受。宅的部分用红砖，使它更有宅的宏敞之感，庭园这部分用青砖，让它更有平静、幽远的气息，两相得宜。

第四点，对比清水会馆也有几个地方我感觉有遗憾。首先山是一处比较大的遗憾，没有起伏，也弱化了最后跟水组合并形成的胜景的感受，实际上也削弱了层次感，也就是往后往远延伸的感觉。现在只是一道砖墙挡在那里，它好像断在那块了，当然这不是董老师设计的问题，是实施造成的问题，而且其实还是有弥补的可能性；另外，几处坡屋顶的材料和处理，我觉得放在这一组建筑和庭园里，还是觉得有一

点突兀的感觉，可能是因为红砖、青砖，加上多样的细节就已经很丰富了，然后这些坡顶以及上面的灰瓦，跟地面的瓦的处理感觉还是不一样的，好像增加了材料及形式多样的感觉。另外，原有别墅的那个房子，实际上它已经身处园林这部分里面了，显得尺度有一些突兀的感觉。

董豫赣： 尺度过大！

李兴钢： 我昨晚上还曾经试着想象是不是把别墅那部分整个变成青砖，现在是一部分青砖、一部分红砖，如果整个变成青砖会不会好一点，但是我今天早上看，可能还是显得尺度挺大的，因为它的体量在那了，可能还是得用加树遮蔽的方法。另外，我还是有一点不理解董老师十七孔桥背后马上就是一道平行的直墙，当然可能将来有植物爬满之后，把它变成山脚的一部分会好得多，现在看来还是觉得突兀，因为十七孔桥给人的感觉，就是暗示你后面有更大的水面，但实际上这感觉马上会被直墙给破坏掉。还有，也是材料的问题，用砖，我觉得有的地方显得非常合适，比如说这个砖做房子，然后做地面、台阶，做槐谷，我觉得做槐谷用这个砖特别好，做斗拱、花墙这种情况下都会很好。但是它一碰到那种，比如说它做花墙上面那种实体的部分，比如说有很多弧墙，底下是镂空的花墙，上面有很厚的实体的时候，我就觉得好像有一些沉重的感觉，这跟园林的感觉有点矛盾。当然我觉得，这是不是由于我们总是在看园林，古典的园林，它所造成的轻灵的印象，对我们现在看到董式园林的时候，造成的某种陌生感所引起的不适，我不知道是不是因为这个原因，但总还是觉得，这个砖在有的地方特别合适，在有的地方就不是很合适。

最后一点，有一个一直以来的困惑，最开始葛明也提到了这个问题，这也和我刚才一直说的清水会馆和红砖美术馆的对比有关联。这个困惑就是说，董式的实践，你的目标到底是为了造园而造园的、对传统园林当代的转译，甚至这种

转译已经发展到一个很有自己语言系统和特征的程度；还是说，你的目标是以一种造园的方法、路径来解决当代的普遍性的建筑和城市问题？其实就是葛明问的，你是想做一个庭园建筑师，还是想做一个建筑师？实际上是这么一个问题。比如说在清水会馆，据我所知后面的庭园部分实际上是因为甲方后来又多买了地，所以又请你做了一个单独的园林部分，而在我看来，你在最开始做前面宅院的那部分的时候，你就在用园林的方法做建筑。我觉得从那个部分，虽然有刚才我说到的思考的阶段性问题，但是能看出来，你是想用造园的方法来解决建筑问题，有这样的一种倾向的企图和努力。实际上我在来红砖美术馆之前，我的期待是你在清水会馆建筑部分那个方向上，在红砖美术馆能够发展得更进一步、更精彩。

但是我看到的情况是，好像你把清水会馆后来的那种宅园并置的状态，在红砖美术馆有进一步的发展、优化，宅园之间虽然并置，但是更为密切、更为有机、更为自然的情况，但本质上还是宅是宅、园是园的状态，就是说实际上你还是做了一个相对纯粹的园林。所以，像清水会馆里建筑部分的宅园一体，甚至是"以园造宅"的意图，在红砖美术馆里是不见的，当然我觉得可能和条件有关，比如说这边原来有一个厂房，而那边也不允许盖房子等等，而且美术馆的功能也有自己特定的要求。

但是，我觉得还是有一点跟预期中的落差，而产生小小失落的感觉，就像葛明说的，董老师似乎真的要做一个庭园建筑师，我不知道你对于这一点的心路历程是什么样的，其实我自己内心里是希望能够按照清水会馆建筑部分的方向往前发展升级，我觉得这是我自己内心的期待。而且，我之前听董老师描述过李凯生老师在广东的实践，会议之前我也问了几句，我心里实际上是希望那样的一种方向——不为造园而造园，而是以对造园的理解而造建筑。当然就像董老师说的，每个人方法是不一样的，但是我衷心希望董老师有那样一种更大的野心和企图，而且我觉得你完全有能力做得到。

不过话又说回来，是不是你自己觉得那些没什么意思，你现在的兴趣只是造园？我实际上是有这样的一个困惑。当然我也觉得，对于红砖美术馆来讲，今天所能达到的状态已经是非常好的，甚至是最佳的答案，我说到的这种困惑也许对你是一种苛求，或者说根本不是你感兴趣的问题，或许本来就不是一个问题。

董豫赣：李兴钢一开始就过于谦虚了，我觉得作为"鸟巢"的设计师之一，做总结一定是他的强项，2008 年的时候我们在电视上看他总结都看烦了，他的总结常常认真而准确。上一次在清水会馆的时候，我觉得他是最犀利的一个，我们这次研讨会也是因为他往后拖了，是为了等待他的犀利批评。当时他在清水会馆的追问，是我的理想和实践间的差距在哪，他当时追问的是意境问题。所以，这回你没有再追问意境问题，我有些意外。

李兴钢：我这手机里记了一句话，但是刚才我觉得太肉麻了，就没说。这句话是，我觉得你今天做的园林已经差不多达到了童寯先生所说的三个境界。

董豫赣：我以为，李兴钢这次会问一个非常尖锐的问题，就是关于边界感的问题，这是我们这次在寄畅园里讨论过的问题，但他可能是给我面子。这次与他一起从苏州回来后，就曾假设他会提这个问题，我就想这个园子哪里的边界做得不好，然后我就会假设，如果将来我再做，我会怎么做。由此我想到了刚才王丽方老师私下提的一个问题，其实我之前也曾想过却不得法的地方，比如停车场那里的植物边界，如果把并排的两棵树的后排树，放在山上，一高一下，甚至是一种树直，一种树曲，你就会觉得种树的事情，能消除停车场与土山的明确边界，它们是一体的，是由林木对话的，当两个东西发生关系的时候，你就不会意识到边界独立的存在，我将来或许能够做得更好一点。

我一直觉得，做房子的乐趣在于，你做完这个房子的时候，有一些心得，有时候自己很得意，来了就很愿意在那地方多待会儿。但更刺激我的是那些觉得别扭的地方，因为只有这些别扭的地方，才会导致我有做下一个设计的冲动，否则，我觉得做设计，一旦登峰造极就很滑稽了，就证明这个人该死掉，该被纪念了。所以我一直不希望自己有野心，我迷恋从一个问题向另一个问题的追问。

李兴钢提及的对于清水会馆宅园一体化的追求，肯定是我最大的追求。因为在大量的情况下，我都不可能有这么大的空地给我造园，就像我刚才描述的，140平方米的密度时候，园宅容不得分离，我必须接受园宅一体化的理想考验。

做美术馆时，我同时还干了另一个小活，一个300平方米的别墅空地，我能否做到这一点？这个项目，完全类似于清水会馆的庭院部分，就这么一块方方的地，什么也没有，你通过一些人工物，感觉在这里生活将会变得更加有趣。清水会馆在这方面有所不足，我是在建筑大致完成时，才觉得对庭园生活的关注，特别需要补进去，因此添加的痕迹就比较强，但那个努力的方向，我觉得在这次300平方米的空地里，如何经营它，一开始就成为我最核心的追求，但其另一项挑战则是，别墅部分的建筑完全不能改动。当然，如果有一大块空地能造园，那就是一个更直接的理想了。但这个理想里包含的挑战，并不比在这一小块地里做乾坤更大。

比之于对庭园生活的想象，我不太愿意谈庭园的形式定义，譬如，很多人都发现全世界有许多合院的形式，只有考察其间的生活状态，我们才能发现它们之间的形式差异，我由此发现柯布迷恋的艾玛修道院的奇特之处，它的庭园与建筑之间，居然完全隔离，居住空间几乎不对庭院开窗！它与中国合院相似的庭院形式背后，实则有着相关生活的巨大差异。

闫总最近请来一个从欧洲回来的馆长，他觉得很多欧洲人会非常喜欢这个美术馆，包括美国人，他的理由是，因为欧美人特别喜欢在户外生活，我听这赞美，心里却不甚舒服，因为我觉得中国人一样迷恋户外生活，但是中国人对户外生活是有定义、有追求的，他不会满足于一个建筑师留下的户外空间，他对在怎样的户外生活的意象描述，是另有理想的，比如山水或山居意象，但西方的户外生活，就户外而言，最多是在太阳底下的草坪上晒晒太阳，他们会觉得把自己晒黑是享受了阳光，但我们还有一层诗情画意在里面。

怎么能够做到？比如将来给我一个别墅设计，我能把前面种草的草坪改造为一个庭园，从而反过来改变别墅船来的建筑格局，它将重现中国人居住的园居理想而非牧场理想。

我曾在清水会馆尝试过这一理想，李兴钢当时觉得意境上还有所不及，到盖这个房子的时候，他的问题迫使我一直在想这件事，但这两个建筑，共同点就是，宅子是宅子，园子是园子，园子里都不许盖房子。我最早的美术馆设计，建议过中国园林的展览方式，当时就被闫总取消了，建筑就向庭园部分封闭了，这是西方美术馆的一般要求。

我就干脆将二者分离。李兴钢提到的十七孔桥的那堵大墙，它确实截断了流水，但那堵大墙上的三个圆里，最初都设计有人可以进入的家具，为什么会在每个圆洞旁都留有窄长条的洞？那些才是门，人到那圆洞里，原是落座其间，就像画一样，它们将阐明一种园居的基本生活状态，因为没有什么房子可以建造，所以我用了家具建筑那部分经验，将少许的活动停留在这几个扇面里，人在画中。

至于我想做建筑师还是想做一个庭园建筑师，其实我觉得建筑师这样的分工，既是对西方建筑的戕害——这是雨果讲的，它让所有的工种分离，分离完了，呈现了灯是灯，树是树，技术是技术，表达是表达，我觉得这对西方建筑是戕害，对中国就更不用讲了，我觉得建筑师原本应该关注的是理想的生活场景，不应该只是抽象的空间概念、材料概念，或者一个造型概念。

比如这个展厅那条通常的缝，里面一旦亮了，比如有展览可看，外面就能看到一些观展人的腿，看展览的人的腿，就能够把外部的人吸引上去，这不是任何一个抽象的概念，这是我可以想象，大家都可以理解的感知部分，一群腿在那走来走去，你真的就可能被引诱去。

原本建筑与庭园部分，也应该具备这种相互诱惑的潜力，这个房子却先天难以跟庭园之间发生相互诱惑的关系，这是原来我不想做这个项目的缘由之一，我跟闫总讲，美术馆是一个内向的东西，它很难像清水会馆，比如餐厅、书房、客房都可以独立地和庭园发生各种关系，当时，我不想干这活。但是，基于设计的乐趣考虑，我后来把庭园设计弄成了一个方法，这个方法不是具体的庭，也不是具体的园。

中国人怎么来面对一个东西的设计？白居易写了一篇文章叫作《大巧若拙赋》，他讲的就跟造园摆石头一样，石头是现成的，不是你在那事先做了一个设计，它是忽然出现的，你脑子要立刻对它做一个反应，这个反应就是你对它有一个意象要求，石头却有一个自己的走向，你怎么能把这种意象调理平衡？我拿这样的一个意象平衡方法，抽离出来以后，甚至就可以成为盖一个房子的方法。

当时面临这样一个空荡的大厂房，我的意象就像庄子讲的那个木匠一样，他跑到山林里去，脑子里想要这棵树做什么，可是那棵树不是按照你要做什么来长的，然后你怎么办？所以面对一个大厂房，它不是做美术馆，美术馆需要什么呢？需要墙、需要光线，所以那时候面对这个，我觉得跟面临造园的情况是一样的，它是一个方法，而不区分它的对象是一个庭、或一个园，或是一个房子，这可能是我之前在清水会馆里体会不深的。所以，我最近读白居易的《大巧若拙赋》，是一句一句地在读，读到最后我觉得它深入到我做事情的方法的时候，我恐怕就不需要再讨论它来做哪一部分，是做庭园还是做建筑都无所谓，它变成了我做事情的方法。

李兴钢： 我觉得还是有一种期待，因为难度是不一样的。当宅园一体的时候，它的难度是不一样的。所以还是希望能看到你去面对那个难度的时候，更高超的应对，这真的是我的一个期待。当然，这确实需要碰到合适的项目、合适的甲方，不过咱们这个甲方已经非常合适了，但是仍然还有功能、场地等条件的限制，这也是建筑师的无奈。

董豫赣： 你讲的这个事情我特别能理解，我也知道哪个更难，实际上，我做这个美术馆只花了 3 个月，因为它没有跟外面发生各种关系的时候，你的思考就容易集中，而关于庭园部分，我花了几年的时间，但总感觉力有不逮，因此它才对我有着更大的未来诱惑力。

王明贤： 请下一位谈谈。

黄居正： 昨天我们开车过来，因为具体的地点不是特别清楚，远远地看到前面露出一点点红的，知道这是董老师的房子。说实在的，虽然看出是董老师的房子了，但是刚开始，因为进不来，只能在外面先转一圈，转的时候，我觉得仍有董老师惯常使用的手法特征，包括材料等，但好像外观简练了许多，尤其是跟刚才李总讲的清水会馆相比。清水会馆我记得当时去看的时候感觉手法特别多，而且不断繁复地使用。在进入红砖美术馆内部空间以后，这种感觉更强烈了，各种手法得到了节制而有效的使用。这让我想起了博尔赫斯说的一段话："作家的命运是奇特的。开头往往是巴洛克式，爱虚荣的巴洛克，多年后，如果吉星高照，他有可能达到的不是简练（简练算不了什么），而是谦逊而隐蔽的复杂性。"这是对红砖美术馆与清水会馆的一点简单比较。下面谈一些具体的感受：

首先，从建筑的角度来讲，这个房子在某种程度上董老师更建筑学了，比如说四种材料——混凝土、钢板、红砖、白色涂料之间的交接、转换。以前去看清水会馆，打眼都是红砖，为了单一材料能产生丰富的变化，所以砖的砌筑方式层出不穷。即使在顶棚都是用砖（一种不太能接受的方式），但可能是业主的关系。从这个角度讲，红砖美术馆之所以一开始给我很节制的感觉，关键是使用了多种材料，而且这几种材料的交接都非常清晰、明确，所以应该说更建筑学了，这是一个方面。但是反过来讲，其实我在想，董老师是不是还在另一个方面努力地"去"建筑学，不管是在房子里还是在园林里，可能在园林里更明显一点。

其次，我喜欢拍照，虽然拍得不好，所以出国的时候，往往喜欢带着相机到处转悠。在拍的过程中慢慢品味出有两种房子，一种房子你会觉得很容易找到一个很好的角度，好像设计师已经给你设想好了，也许他在画效果图的时候就想好了，这个角度将来就是给摄影师拍的，因此你很容易就能找到这样一个角度，而且是可以上杂志的经典角度，在很多的房子里都是这样。但是还有一种房子，哪个角度都不太适合，找不到"抓眼"角度。我举个例子，比如说看阿尔瓦·阿尔托的玛利亚别墅，或者他的夏季别墅，其实都难以找到一个角度，说这个角度拍出来可以告诉大家这个房子的性格、特征，很难！

由此，我在想，这是否就意味着这里面其实隐含了一个建筑师在设计房子的时候会有两种不同的方法，一种是视觉的方法，一种是身体的方法。董老师刚才讲的，你看东西不是特别象征性，或者说有抽象意义的，而是关注它一些细部、细节的地方，比如说光影的移动、树叶的婆娑、鸟虫的鸣叫等，这些我觉得本来与我们的身体接触更多，但是由于我们浸淫工业文明日久，比如说我们使用的各种生产制品，已让人丧失了"把玩"的欲望，跟你的身体不发生关系了，渐渐地人身上的这种与物互渗的功能都退化掉了，现在我们往往只剩下用视觉去"看"一个东西了。听说董老师你在读诗，读得非常深，其实读中国古人的诗也好，词也好，尤其是《诗经》，孔子说，可以"多识鸟兽虫草"。你会发现里面有好多的植物，还有对日月星辰的感受，对季节更替细微的体察，这可能我们现在的人已经没有了，因为我们夏天有空调，冬天有暖气，下雨天也不敢出去了，因为一下雨就死了70多人嘛。只能每天躲在室内，感受不到古人身体可以体察到的细微变化了。兜了一个大圈，其实我想说的就是，摄影师不能抓到一个特殊的角度时，意味着建筑师要靠设计出细微的感觉去营造，不是营造一个实在物体，而是营造一个环境，营造一个氛围。

我记得以前读过一本书，布留尔写的《原始思维》，里面描写还处在前工业化时代，没有接触到工业文明的那些原始土著，这些人没有抽象的概念，比如说树，我们现在将树分成各种种类，种下面还有科属。但是那些人没有分类知识，他只能说这个树就叫什么树，就是很具体的树名，非常具象，没有抽象的名字。我在想，我们古人造园的时候，是否一样？对物种的特征、对自然条件的变化同样十分敏感。我还记得《原始思维》里面写了一段，有个人类学家，跟一个当地土著同坐一条船，沿着河一路考察，那个人类学家能记得住的就是河流上的几个弯，而且是特征比较明显的（是我们想举起相机的），但是那个当地的所谓未开化的人，他能记住看到的每一个角落，船到哪，他都能说这个岸上有什么树、有什么植物、是哪种植物，它们的叶子、根茎能用来做什么，这种东西我觉得恰恰就是我们现代人丧失掉的一种知识或者感觉。董老师现在可能在他的建筑中，在他的园林中，力求在寻回这种东西，这种能跟我们的身体发生很多关系的东西，便能够创造一种氛围，让人有更丰富、更细微的感受，这是非常重要的一个方面。

最后，刚才讲了，在外面看虽然是红砖，因为砖对于我们来讲，相对于其他材料来讲，是比较有感情色彩的材料了，我在外边转圈的时候，感觉外观还是较肃穆些。但是走进来以后，感受非常不一样，一张一弛，松紧有度，我在想这是一种什么样的机制造成的？

第一，我觉得首先是由"慢"造成的，这个房子造了5年，一方面说明董老师能沉下心来，5年磨一剑，不容易；另一方面是我们的业主，现在大多数业主恨不得半年盖一个房子，很少5年还没盖完的，这会让人受不了的。

第二，在内部空间的处理上，董老师造了一个有仪式感的空间。我们现在往往对仪式感的追求不太重视，这样一个空间其实不仅是让一帮人可以坐在这儿谈话，有一个交往的空间，这只是一个较低的层面。更重要的是这样的空间，提供了你摆脱庸常生活后的一个停顿，尝试对你的日常行为的合理性进行再证明，或者简单说来，是对自然认可你、重复你的日常行为的理由的回忆。所以这个仪式感的空间我觉得在建筑里具有某种神圣的意义。昨天我进来以后，就觉得这两个空间之间的关系，做得特别精彩，一方一圆，一开一阖，一粗放一细腻，既呼应又排斥，有张力。

第三，刚才董老师在放PPT的时候，总提一个词，叫作"意象"。我就想，是不是无论在你的建筑里，还是在园林里，其实有很多意象的片段，是你在尼泊尔，在苏州园林里，或者在别的什么地方看到的（刚才说李总以后还要邀请你去看巴拉干，那没准在以后的建筑里也会体现吧）。实际上这个"意象"也是某种时间表达，但不是我们一般的所谓手表上、钟表上的时间，而是一种心理时间，你把各种来自于不同时间片段的"意象"，放到你的建筑里面，所以这个时间，不是线性的物理时间，而是你人生各个不同阶段交错的时间、混沌的时间，在建筑里得到的体现。刚才大家也讲到了，你的一些片段，我觉得是和你的时间片段联系在一块的，而且有独立的片段，也有这种所谓绵延的片段，交织在一起。所以在建筑里面，或者在园子里面就会体现比较多的时间的交错，不是直线型的一条时间，而是有各个不同的时间。你们设计师可能看园林比较多，我虽然看，但是看完就忘，理解不了那么深。但是董老师这样一讲，比如昨天晚上看那个圆洞，因着灯光的反射，倒影在湖中，如果天上还有一个月亮的话，我们马上就会联想到，古诗词里面描写的情景，若还有一个

窈窕女子穿着曳地的长裙窸窸窣窣碎步在桥上的话，那感觉更是美妙。所以这种时间的片段，在这个园子里不是直线型的，不是我们进来匆匆走一段的时间，而是可以把想象的，包括设计师的、你自己人生经历体验的时间，都赋予到这个空间里。

第四，我们现在的建筑师，尤其在城市里，基本上都把基地看成一张白纸，即使有山也推平了，"一张白纸可以画最美的图画"。但是我觉得，对于一个好的建筑师来讲，必须对基地有一种身体的敏感性。刚才董老师放的那张照片里有，现在实际上我们看不见后面的小坡了，因为被邻居盖的三层楼挡住了。我觉得董老师在这儿，非常敏感，他能够把对基地的印象引进到设计里来。还有昨天在园子里游走的时候，我特别感兴趣那个像窑洞一样的房子，从所谓的一线天穿过去，绕过墙根，走进高抬的小院，再上几个台阶，四周一片空旷，若不是邻居家的三层楼挡住了视线，极目远望，远处一片葱茏。游走中景象的转换过程，都在你眼前一一浮现的时候，基地的意义便展露无遗了。

董豫赣：关于人类学观察到的对树的敏感，我之前读童寯那一段，好像在质疑计成在《园冶》里很少去谈树种，也没有关于树种的分类，但在《诗经》里，却有大量的树种罗列，孔子甚至讲，读《诗经》的好处之一，是可以认识很多树木花草，《园冶》与《诗经》对待林木的巨大的差异，我觉得可能也是远古范围与明清园林的差异，范围时代，保持了对类型铺陈的偏爱，比如说我是皇家，我有太多的奇珍异宝，包括各种奇怪的树你们搞不到我都能搞到，它们都值得铺陈叙述。后来造园的民间化进程，大家反而不提这个事情，不提这个事情是因为你要跟他生活在一起，你对占有种类没有兴趣了，你所要描述的是它的感官意象。这点感受，也是我在读童寯《江南园林志》时体会到的，童寯在质疑《园冶》不谈树种时，紧接着记录了一段对白，是关于欧阳修与幕僚的对话，幕僚问欧阳修，这块园地应该种什么树？欧阳修随

后谈及的却不是什么树，而是极富感官意象的描述——相关红白的色彩意象，以及四季有花的感受意象。这一点，可能也是我跟搞景观的人对植物的最大差异，他对这个树贵不贵，造型什么样子很感兴趣，而我对什么有兴趣呢？比如池东有一块抬高的台地，我希望下面的树叶是透明的，逆光的时候，能给我在底下造成翠意的阴翳印象，我是要用它遮挡什么，还是用它制造诱惑？我对这部分更感兴趣，而不是它的种类或独立的造型。

我想这差异可以被总结，第一类范围，是帝王炫耀型的，第二种到了江南的密集造园时，变成生活感知性的、生活性质的植物，毕竟它不是种植园，所以他未必会关心都是什么种类，但他会关心落叶的伤感、花开的芬芳。比如说我在夜间有月的时候，逗留在槐谷里，有了树以后，月影斑驳的诗情画意的意象，实际上超出了对槐树种类的定义。我为什么更愿意用意象或氛围来描述园林？也可能来源于此。

另外，我也思考过黄主编对时间怎么带入房子的记忆这件事。我在想，文艺复兴之前的西方建筑工匠，跟中国人比较接近，都注重行千里路，读万卷书的多样感受，现在建筑学丧失了这重要的一部分，我们现在把它叫作设计院实习，或把旅行叫作美术实习，它好像变成了某种分离的专业训练，而跟身体感官没有关系。比如说美术实习，你看那个老房子，你适合画什么样的线条，是拿颤抖的笔触来画，还是拿淡彩的斑驳来画，他对它的美术表现更感兴趣，我更感兴趣的是感官被打动的部分，那些画家当年在走千里路的时候，哪些山对他造成了感知的冲击，他在反过来把这个东西返还给别人的时候，当年打动他的是感觉，最后你做完了以后，打动别人的应该也还是感知，只是从我换了另外一个人，无论我是画家还是一个造园家，大抵如此。我想，在感官上，人亦能相通，大家都是用感官而不是用概念来表达感受，因此，我觉得第一重要的是培养敏感，因为自己如果不够敏感，那些意象你是看不见的，还有一个敏感，就是传达

的敏感，比如说那个槐谷，如果传达完了，却让人感觉不到的时候，它又返回到一个概念，或堕落到一个点子，我想做一个槐谷，如果我不在那讲，你们就不明白我要传达的意象，那我觉得这个事情也很失败。现在我为什么还讲呢？因为这些槐树还没长成，如果过了四五年以后，我相信我无需在场解说。

我比较欣慰的是，有时候，我到工地上会发现，我希望将来人会停留的地方，工人现在就会在那里逗留。我从家里赶到工地，通常是中午工人午休的时候，午休的时候有人睡觉，有时候，我就发现几个工人就在槐谷那聊天，基本上我觉得对这类地方的预期，还算比较准确。至于将来能成或长成什么样子，我总在想，这是一个理想的问题，我的理想是一个时间范围，而不是一个拍照片的空间视角问题。

至于达成的程度，我特别信任的就是时间，也就是你说的生命的体验，你体验同一个东西，每一个年龄成长都是不太一样的，所以我不强求，因为年龄慢慢变老，对我来说总是一个优势，而不是说好像我什么时候干不动了，我从来不担心这件事，这个职业最迷人的一面，它有技术层面的一面，可最高的那部分，一定关于人的感知。所以我想，个人感觉的培养，对这个职业的一辈子，都有持续的帮助，觉到它能慢慢超越机器的技术控制，它就变成了一个人生历练，将来就能准确表达我想要的氛围。

王明贤：来听一下金秋野犀利的批评。

金秋野：我是第一次应邀参加这样的研讨会，清水会馆我是偷偷看的，施工还没结束我就看了。红砖美术馆的完成度很高，包括这个中庭，刚才黄老师也说了，具有仪式性，我觉得其实具有仪式性的不仅仅是中庭，包括整个的序列，地坪标高上的变化，上下路径都被隐藏起来了，从小书店的楼梯上去，到二楼的主要空间，再到尽端的抬起空间，从楼梯下来，到会议厅，重新回到一层展厅，再回到这个下沉的

采光庭。整个空间高度上的变化与大的空间，是一气呵成的状态。我们自己对这种仪式性的东西，内心里肯定都有一种期待，学建筑这么长时间了，肯定会非常喜欢。尤其是这个中庭，我想，不是我们想就做成这样的，这种感觉其实是一个人一种精神性的表现，这对我的震撼还是挺大的。当时看到照片的感觉不是这样的，尺度比较小，现在看到实物，还是很震撼，昨天下午在这里拍了很多照片，这是对我触动比较大的地方。

另一个就是园林，园林的部分看土地面积跟这个建筑本身差不多，但是确实做出了非常曲折的感觉，今天我还对好几个人说进去以后别走丢了，确实有非常多的层次。这可能是造园者的基本素质，我也不太懂园林，我就凭我自己的感觉，觉得非常好玩，在里面你有很多的空间可以流连，很多的地方可以进行各式各样的活动。我想这个园子一旦投入使用，使用者会为它赋予更多的功能、更多的可能性。

这些都是我自己感觉到这个美术馆对我来说触动比较大的地方。我在来之前有幸看到了董老师写的那篇文章，我看了之后有很多的想法，也列出了一堆问题，但是看了房子之后这些问题就浓缩了，变成了几个部分，我就在这里把我的这些疑问跟董老师说一下，也不期待立刻就有回答，只是把我的疑问和大家分享一下。

第一，我想大家也都看到了，这个房子本身有非常强烈的几何性，而园林部分、至少水面周围的部分有很强的自然属性，是一个自由的平面。在园林里面的建筑部分，其实我还是能够看到一些几何性的东西，比如不断折角、直角的图像，还有圆形与方形、长方形角对角的交接关系，有点像罗马城市的平面形式。我在董老师的文章里看到了几个方面，一方面董老师说自己不排斥向一些大师学习他们的几何秩序，另一方面他又引用了许多其他造园者的话，这两者之间，我觉得有一个矛盾，一种非常严整的几何秩序其实是人的秩序，这东西其实跟法国古典主义可能会有一定的关系，就是

人对自然高度抽象之后形成的一种东西，而中国园林恰恰反对这种纪念性的东西，它讲究自由随机的形象，还有时间上一种相似相续的状态，随着四季不断变化的东西，像这样明确的中庭其实是很有纪念性的，它是反时间的，它要求一旦成型之后就要有永恒不变的感觉。加上董老师刚才说的：现在越来越想做大建筑，我想这个大建筑就如同我们看到的这样的建筑手法，它可能比清水会馆更加成熟，材料的运用非常完美。那么，在这种大建筑里面呈现出来的董老师的一种艺术形象，与在园林里面呈现出来的另一种形象，彼此之间是有区别的。刚才您也说了，园林您毋宁它更小，100多平方米，最好是一个非常小的小园子，那么在这么小的空间里去做出意味来，你就要不断取法于传统园林的那些空间思维，这两个东西是不是矛盾的？最后会不会出现两个董老师？一个是做大建筑的，一个是做小园子的。也就是说，在你的建筑师人格和造园者人格之间会不会有矛盾。

我回头看清水会馆的时候，刚才李总也说了，那是用建筑语言在造园，这种语言造园就像您当时批评王澍的时候，谈到他的象山二期说这种相辅相成的东西，是建筑与建筑之间的相辅相成，甚至于象山都已经被淹没在这种强烈的建筑群体之中了。那么，我想在红砖美术馆里面，它的建筑部分和它的园林部分之间呈现出这种非常强烈的对比，中间通过几个小建筑沟通，包括没有屋顶的大教堂，其实也是很强的一种几何秩序。再往园子里看，包括您做的小亭子，一个斜向上的坡面，没有屋顶，还有旁边的几个小建筑，我感觉其实都是形体感特别强烈的东西，我们极力试图在园林里面实践一种建筑的消隐，让人工的东西和自然的东西逐渐达到一种程度上和形象上的统一，或者人造的东西低于自然，这是一个哲学的观念。那么在实践的时候，如何才能做到这一点？这个问题我不知道您是怎么考虑的，我就想问您一下。

董豫赣：咱们一个问题、一个问题来，我做建筑习惯一个片段、一个片段来，但却担心最后回答问题也变成一个片

段、一个片段的，所以我先回答这个问题，一会儿你再问第二个问题。

我第一个要回答的是，不会有两个董豫赣——做大建筑的董豫赣与做小园子的董豫赣，我觉得这是西方建筑学的习惯问题，要么是这个，要么是那个，其前提是分离，其目的是单纯，只有假设人是单纯的，西方人才能将我区分为自我本我超我。苏轼从不会分析自己是个官员还是个学者，人本包含复杂，而非非此即彼的一堆单一性组合。

至于造园到底是几何还是自然秩序的问题，与此类似，在清水会馆对谈时，也有过类似的提问。我每次去留园的时候，最流连的恰恰是你说的大建筑和小园林突兀的对比感，比如，在留园的两座巨大建筑——五峰仙馆与林泉耆硕之馆之间，是一些琐碎的园林小空间，我在想，把任何一个东西拿掉，剩下的东西就不成立，正是大小在关系里的感受对比，才让我如此迷恋。我们常常认为中国园林好像没有几何的东西，其实是不对的，留园这两个馆的建筑无疑是几何的。而李兴钢对着童寯的旧图，发现我们流连其间的那些琐碎小空间，居然也发生在看似简单的几何柱网里。我意识到，在中国文化里，不存在截然的分野，它恰恰是要在阴阳两极间保持平衡，这是一对关系，它包含大小，包含秩序与自由，这也是我这几年写过的文章里反复谈论的。我曾用以评价贝聿铭位于狮子林里的家祠，为什么它比贝聿铭做的苏州博物馆的大门要高明得多？就是前人想让那个祠堂建筑显得足够大，就做了一个非常狭小的前序空间，你经过狭小，然后才进入到大，它不是一个客观或机械的大，它是一个在对比中感知到的大，这个感知是活的，而且是从这个时间到那个时间，你要利用这个流动，一个人活着的感知的对比。所以，我不觉得大小间的选择是我需要面临的一个难题，我的问题是如何配置它们的大小感知。

金秋野：其实我谈的并不单纯是几何问题，也是秩序问题，这里面强烈地在中轴线呈现一种纪念性的、永恒的，甚至是在自然里几乎没有位置的美术馆，和一个师法自然的自由形状的园林空间之间的对比。

董豫赣：这可能是你阅读时候的一个关注点，如果你连续地看过我发给你的那篇《败壁与废墟》的话，这个问题我自己一直在自问自答。我说甲方给这个美术馆开始我不想干，就是因为美术馆是一个西方体制，它是一个秩序井然而独立的构筑。我对康做的美术馆特别向往，因为我没有去过，我不敢发表感言。周榕说康不如西扎，但是，周榕那么能说的一个人，在康的金贝尔美术馆里，他说他半个小时一声没吭，我猜是静谧的秩序打动了他。如果我接了一个美术馆，有这样的功能，最后我说我把这个做成园林，我心里也觉得自己在故意找茬，我甚至还真尝试过，甲方果然也不同意。我在写文章的时候其实说了，我试图把苏州的园林描述给甲方听，比如说苏州的复廊，多好，墙上全挂着书画展览，而旁边就是自然景物，甲方不会同意，他就要一个有很好的光线（的美术馆），有很好的大墙，我可能和一般建筑师不太一样，我从来不挑战甲方提的要求。

王明贤：但今天中国的美术馆研究已经注意到这个问题，因为现在展厅都叫作白盒子系统，但白盒子系统展览西方的油画或许合适，展览中国的东西其实是不合适的。建筑界可能还不知道，其实美术界已经有很多学者在研究这些问题。

董豫赣：我不知道闫总听了王老师的话会不会后悔，如果按照中国的展览方式，不只是展览方式，而且路径、生活的方式都会变。张永和当年曾对我讲述过一个美术馆，我猜他那时对中国的园林游廊作为展廊的功能，不是特别熟，他说西方有一个建筑师做了一个美术馆，完全改变了西方美术馆的展览方式，他将美术馆做成了一条长廊，这条长廊就让你感觉到你一边在看画，一边在看自然。可是这个在中国传统园林里一直在发生，书画也是古人的展品，它们都嵌在复廊的墙壁上。而且很奇怪，这个时代如此强调与自然同处，如此强调个人的自由观赏，我们再来谈论需要秩序或者怎样，确实有点不合时宜，但是我从不会走任何一个极端。我不会自此忽然就认为秩序是差的，没有秩序的存在，反秩序也不成立，如果没有宅之生活的礼仪部分，就没有乐的部分，园林提供的乐就失去关系，礼—乐，是中国生活里最古老的一对相辅相成的阴阳关系。因此，我从来没有真正试图说服甲方放弃仪式感的美术馆，我只是想让这两个东西都因为对方而更加地彰显，这是我不会动摇的部分，我的缺憾是美术馆的封闭性，而非其仪式性。

金秋野：我觉得对我来说，您说的那些东西我不是都能很好地领会，但是从我的直觉来说，我觉得这两个东西在气象上差距还比较大，我非常希望能在一个整体上面，看到您更圆融的作品，我相信它们两个之间的结合点可能会有更加巧妙的方式。

董豫赣：这是一个理想，也是一个期待。我现在才刚刚不惑不久，我觉得这是修养的问题。一个人的年龄，只有在你有了追求以后，这个教养部分，才会慢慢形成。至于圆融的理想，才会慢慢抵达。

金秋野：第二个问题，我在这里面看到一些装饰性的细节、建筑上面的檐口之类的，包括您说的、刚才童老师也说过，看到很多的索引。柯布的建筑里面也有一些他所谓的"捡来的宝贝"，形式上的"原型"，那些东西我们看不见，其实非常难以看见，是历史学家重新给索引出来的。那么，在您的建筑里面我觉得能看见，您也不讳言通过形式上的借鉴来完成作品的某一个部分，这是您非常坦诚的地方。但是，我记得您跟我说过，后现代建筑，您是非常不喜欢的，我觉得不喜欢的地方就在于它的杂糅，在里面掺杂了非常多的趣味，

甚至沦为一种手法的表现，就像矶崎新在 20 世纪 80 年代做的一些东西。

那么，在您的设计里怎么避免这件事？就是说我在这个建筑里，能够看到这么多建筑师个人的趣味，那么最后我们想要讲一个单一的故事的时候，就是李总刚才说的"一个大的格局"，它会不会有一个矛盾？

董豫赣：我对此的回答，会从容一些，我研究这问题已经十多年了，我对于中国杂的理想和西方的杂托邦区别比较清楚。中国文化的龙图腾是 9 种动物的杂交，这个杂在中国太重要了，它是一个前提，没有这个前提就没有杂交，就没有繁衍，所以中国这个杂和后现代的杂，最大的不一样是，后现代的杂，是针对于现代建筑过于纯粹的反动，它是形式反动之后的刻意杂。我在小教庭用巴西利卡来制造一个空间时，其基础不是追加它的历史性，我设计一堵嵌有十字的墙壁，也并非教堂的符号象征，我希望它就是一堵能引发教堂想象的墙壁，我想象中它能将比邻的外国客人吸引进来。在西方，很多咖啡厅都设在教堂附近，然后，我希望它不是西方常规的户外空间，而是一个宜人的庭院，所以我会在里面种些树，制造一些砖家具，甚至有点让人感觉到它的异样，其异样是将教堂平面化的园居化处理。中国园林里本来就可以提供各种活动，可以有声色，也可以有很仪式性的吟唱，甚至是很诗性的浪漫一面，这个杂里面也包含了很多活动的杂。我根本不避讳这处混杂，我得去假设，帮甲方想想谁来这里消费。对面果园全是老外，我为了将来的经营着想，希望老外到我这来，于是利用了教堂的十字墙壁，就像魏晋面临佛教进入的时刻，对于中国人来说，和尚也是老外。可是我觉得中国人的心态，从来不曾惧怕这个杂交的文化事情，慢慢通过自己对它的理解，不会害怕杂交进来会失去什么，恰恰因为这种从容的心态，这里面的杂是一种从容，不是被迫，也不是为了反对纯粹而得到表象的符号复杂。至于这个杂的好和坏，还是一个双向

的问题，但是对于杂这个事情本身，我不会像你说的要如何回避它，我为什么要回避？这甚至是我的一个理想。在当代，后现代对现代建筑纯粹性的批判，依然还在，我在书里写过的，日本当代建筑师就展开过多样的复杂追求，但是，无论他们追加些什么问题——城市、植物也好，最后得到的居然还是纯粹的造型，这可能才是我有意避开的东西。

金秋野：第三个问题，这也是从您的文章里读到的，您一直说好像只是为了实现一种氛围，但是我感觉这里面还是有一点哲学上的寄托，就是看你文章前面的部分，那是一种期待，其实是对自己建筑表意能力的一种期待，您把这个分成两部分，我简单说一下，因为大家没看过。我不知道理解得对不对；败壁是中国的，废墟是西方的。废墟呢，建筑还是建筑，只是被自然重新侵蚀了，他们把这个理解为一种建筑和自然之间的平等关系，其实不是。西方的建筑还是很强烈的东西，就像古罗马废墟一样，最后被植物裹起来了。但是我听您的说法，在谈到红砖美术馆园子的时候，您说等过几年植物长起来会更好，这里面包含的，是不是就有让植物包裹建筑以消解强烈的人工痕迹的意思？

再者，其实我觉得败壁指的并不是残败的墙壁，而是一种自然造化，就是并不是从自己的内心秩序创造出一套建筑，而是自然本身的一种形态，人的作用是识别、发挥，借助人工去完成它，这个过程中就有上帝造物的力量在里面，就好像被附身了一样。然后，您说的种种方法类的东西，这些东西最后创造出来的园林空间，让这个建筑宛如没有太多人工痕迹一样，但是我觉得，我在这个园林里面，还是能够看到一些相当人工的部分，包括十七孔桥，包括后边那面完整的墙壁，上面有一些地方每个里面放一些石头，我感觉它是很强地在对应对面的小茶亭，它们之间的这种互成性，甚至于强烈过那些小东西存在的价值，似乎是为了被这边看，我不知道我理解的对不对。

这座园子的基地，原来是一片平地，在一个没有太多地形、没有太多树木的一片土地上，你去做园子的时候，人工造作与自然条件之间的互成性，是否也是一种自己创造的互成性？就是我造了第一个墙壁之后，我就要用一个石头去互成，最后也变成了一种一套语言的自我繁殖，与自然之间的关系是造出来的，这个我觉得在那片墙壁之前，看起来还有点明显的，就是说那个石头是放在墙上的，不管这个墙为石头做了什么样的变化，石头还是原来的石头。所以我自己感觉，建筑、桥、墙垣，还有其他的那些小建筑，都像是过于建筑化了，非常强烈，我不知道这个问题我有没有阐述清楚。

董豫赣：我先解释一下败壁、废墟两个概念的差异。废墟这个概念是日本当代建筑师反复提的，提得过多以后，我觉得可能是一个很重要的词，因为他们在用它谈论自然。但是，有人一口道出了它的天机，隈研吾对此阐述，自然的建筑是什么？就是建筑盖完了，最后建筑是打不过自然的，所以最后被自然打败了，打败了以后，树就长进来，把建筑毁了，毁了以后就形成了和自然共生的废墟状态，这个状态是日本人理解的自然。但是我觉得中国人理解的与自然和谐相处，决不是跟自然对打，我在这个没有顶的巴西利卡里种树的时候，从来没想过要把它做成废墟的状态。中国人很少会将庭院看作无顶的次级建筑，而是看作与建筑阴阳对仗的有效补充，在这一点上，金秋野也跟我聊过，他对西方建筑学了解得过深了以后，我觉得即便我刚才回答了那个问题，他的此刻问题还是同一个问题，就是到底是人工还是自然的二分问题。计成在说宛若天然的时候，他从来不否认它是人工，否则的话就没有"宛若"，"宛若"，正代表它还不是，自然是人工的理想，但并非否决人工。当他在城市地里买了一个老宅子，老宅子有什么？最重要的就是老树，可是，有时候没有的时候，他也提到赶紧种柳树，至于种完柳树以后，它是不是原来那个自然的老树，就像你刚才提的那个石头不是原石，那些石头确实不在原来的位置，可是你想苏州园林哪块假山的石头是在原来位置的石头？

计成讲的其实就是说，好，我只有这块城市空地，但我有山居理想，就像童明讲的，我们一起去山上玩，我想把这个山居意象再带回来，我觉得带这意象回来，这事非常重要，它不是真山，它如果是的话，就像日本造园，石头在深山当年朝向哪，埋深多少，他们都要做标记的，标记完了，拿了那块安置，还是那块的原有朝向与埋深，中国人从来不会这样干，因为那就意味着太教条了。他有意向要改造，他不会认为天工好或者人工好，他从不认为这两个里面有绝对的单向价值，而是一组关系，在这个关系里，我是先造一堵砖墙，把石头放进去，还是先有一棵树再围绕它盖园子，这些都不重要，重要的是这两个东西的经营，最终能相互证明对方的价值。

所以我不认为这里面包含了某种纯自然或纯人工的，当然有一个理想就是童老先生讲的，他为什么会特别喜欢石头中介物？因为石头是天然长出来的，可是它还需要人工来堆垒。这就像刚才咱们说的那石头，那个石头我在石料厂看的时候，如果我没有意象的话，它就是自然的石头，可是如果说我把那个东西就照原样搬过来，仿造它在山上原来的时候，那和我的意象有什么关系？至于它是不是把人工消隐，我也不觉得中国人试图消除人工，我在书里没有谈，我在葛明那里讲过，西泽立卫试图做一个巨大的窗子，让人坐在窗前看不见房子，他谈的就是一个单向性，向着自然本身，而消隐身体与建筑。中国人却一定要把那个窗框给你具体描述出来，描述出来景物跟它发生的即景关系，这才是中国文化的核心，它不会走向任何一极。在苏州园林里，如果把建筑拿掉了，会是很奇怪的事，反之亦然。造园正是一种关系处理，既然是一种关系的话，谁先谁后根本不重要，重要的是对这个关系的敏感。当然，我始终愿意检讨我自己可能还不够敏感，我还没那么老，还能继续锤炼敏感。但我不会同意你这一系列问题的一个核心点，就是单一走向，任何一个单一走向我

现在都不会支持，所以才需要园林，否则的话，我觉得我将回到极少主义的纯粹，我会越来越提炼，我变成了纯钢，纯度越来越高，但它也许就过于脆弱，对这个东西，我已没有太大兴趣。

童明： 插一句话，我对于这个问题也是挺有感触的。

其实我们在园林中经常谈论的人工与自然之间的对比关系也可以说并不成立，因为并不存在一种所谓的"纯自然"。我们所能欣赏的景致，或者我们从建筑角度所能观赏的景致，实质上也是一种阿尔多·罗西所谓的人造物（artifacts），它也是经过思维加工后所形成的产物，它与建筑没有太多的差异。

比如说一块假山石让你觉得很动心，为什么那一块普通的石头却让你无动于衷？为什么你能看见这棵树而不是那棵？这是因为我们的视看本身就带着人为加工的痕迹，我们对于自己所看的对象已经进行了加工，所以它可以成为园林的一个部分。

一棵树木、一片水面，它如果要成为一个观赏对象，必然需要经由主观加工。所谓的人工加之于自然，或者说宛若天成，实际上都暗含着这些所谓的自然都是被人加工过的。

再譬如我们所游历的山川河流，为什么我们会去这里而不是去那里？为什么我们只去风景点游览而不是普通的山峦。那是因为这些山川已被按照理想山水进行过加工，它符合某种山水的审美标准，所以人们才能趋之若鹜。这是一种互动关系。

我们在潜意识中存在一种审美标准，并将它加于自然，从而使那片自然也能触动自己，观赏和对景就是不断地由这样一个过程而来。所以我基本上同意老董刚才的观点。

第二，关于废墟和败壁的问题，我觉得可以串联起来看。阿尔多·罗西也曾提到，一座建筑的形成可谓经历过两个过程，第一个就是建筑自身的直接竖立，第二个就是时间在建

筑上所发生的作用。

当一座房屋，哪怕我们如何狭义地认为它缺乏建筑学价值，但是如果经历千百年，经过时间的雕琢，它也同样会含有很高的观赏价值。

我们在观看废墟或者败壁时，就会形成一种强烈的审美之感。这种审美之感往往并不是由建筑学本身的价值所带来的，那是一种时间因素。时间因素带来了一种历史性的联想，与先人的作品，或者先人的遗留痕迹关联起来，一种强烈的怀古之情就会油然而生。因此时间因素在一个空间的形成过程中，实际上也是非常重要的因素。

当然我理解，老董刚才讲的可能不完全是这个意思，但是时间因素在一个建筑中进行雕琢的程序，跟一个建筑师在思维操作过程之间的这种辩证关系，或者二元关系，我觉得应当引起足够的重视。当一个建筑师在考虑建筑设计问题的时候，可能更高明之处就在于对时间因素的考虑，需要将时间因素纳入其中。

譬如以前在讨论冯纪忠设计的何陋轩的案例时，我曾经提出那座草亭最关键的操作就是檐口压低这么一件事情。压低檐口是对应当时水面对岸缺乏景观这么一个事实，但是也暗含着一个期待，就是20年之后，当对面的树木成熟并完全成形之后，会形成一种怎样的情趣。

所以我想，造园的过程中，应该暗含着这样一种情节，就是说如何对待原先遗留下来的时间因素，因为许多园林是在以往废园的基础上修建起来的，或者经历了许多阶段所叠加起来的。处在当下营园的这一刻，如何衔接先前，如何延伸后续，这应该是一个重要问题，我们不仅需要关心今天所要做的事情，同时也要留意它将来可能的变化。这恰恰是被我们当今科学化的、同时性的建筑操作所毁灭掉的一个维度，所以我想，这也可能是有必要进行反思的一个话题。

王丽方： 听了大家的发言，我逐渐受到启发，思路也不

是很完整。但是刚才董豫赣说"我还不是这么老"，我觉得确实是这样，董豫赣还年轻。我就从比你老20岁的角度来说一说。虽然老20岁，但是道行没有修炼得特别高。我和他的接触，有几个点。一开始你来上学，后来我们在南宁稍微接触过一下，有的时候会碰到，有的时候会看到、听到点你的有关信息。

我觉得建筑师现在在我们国家的情况，非常不妙。从学校角度来看，建筑界实际上集中了一些智商非常高的人，从学生来看，我们清华建筑学院是清华招生分数最高的院系，并持续了十好几年，其实各个建筑院校都是他们学校十几、二十年来招生分数最高的院系。这在中国就聚集了我们现在的建筑师群体，他们是人才里脑子最好的一批人。可是我们的社会地位不行，我们在项目上的话语权很少，有时就是一个打杂的，这是非常不相称的现状。而且我们的甲方会倾向请外国建筑师，有的其实并不优秀，只因为是外来的和尚。在他们的国家，大多是成绩不优秀的人才去学建筑，因此，除了真正有建筑理想和热情的人以外，普遍情况最聪明的年轻人都去学法律、金融、政治，然后是计算机、生物医学等，建筑专业的排名很靠后。

王明贤： 他们是把最差的学生变成最好的人才，我们是把最好的学生变成最差的人才。

王丽方： 我觉得我们现在的发展当中，社会给建筑师排的位置越来越不利，而且我们自己还有一些做得不够好的，比方说我们自己把自己约束得很死，为什么？所以我们的话语权会越来越少，我觉得这是一个很悲哀的事情。所以我觉得，像老董这样坚持理想的建筑师应该说有一批，但是坚持的程度可能各有不同。这一批建筑师人数很少，但是都在努力往上走，我觉得这是一件很好的事情。所以今天的会，我很有兴趣来，就是希望我们能够自我养成以后，形成一个积极向上的、努力的群体。我们建筑师不打出一些好的作品来，

在这个社会结构里就没办法翻身。

在我们年轻念书的时候，我没怎么和老董打过交道，但是有一个很突出的感觉，就是很有追求，而且很有激情。这个激情我觉得很难有人随随便便能比得上。我看他人又黑、又小，眼睛发亮，所以在我的意念里他是什么形象呢？就是一个"炭球"，总是在那燃烧，用理想和激情，还有这么多年追求的思考的学养燃烧，很有激情。这次比较有感触的就是他能争得到一个机会，这个机会就是建筑师直接面对甲方，同时直接在工地上设计和建造。这是一个非常理想化的机会，不是一下子就能碰上的，是因为前面有那么多理想和追求的累积。这是一个很好的状态。我也很羡慕，我觉得一个建筑师处于这个状态，怎么苦、累，都是一个幸福的状态。

还有一个想法，我们昨天晚上吃饭的时候讨论到，有很多年轻人思想僵化。老年人确实很多人思想僵化，但年轻人不应该！我有一种感受，思想的自由是很可贵的，我觉得自己的思想是比较自由的，我觉得董豫赣的思想也是相当自由的，自由的程度我们不好比，但是自由的内容你和我不一样。自由体现在几个方面呢？

简单来说，第一，我可以不做；第二，我可以不要多少钱，（大家笑）虽然有家有口，我可以少要钱。这是一种自由，因为我们大量优秀的年轻人，一出去就被"钱"字捆住，这是真的，他一辈子从此就走上一条弯曲的路了，不是他真正理想的路了。第三个自由，我可以质疑和批判，权威或者外国书上说的，你们大家都这么想，我就来个批判，这也是一种思想上的自由。第四个自由，是可以杂，我不要很纯。第五个自由，我也可以纯，我不要杂，无所谓。第六个自由，我可以玩儿。第七个自由，我可以玩儿错了，没关系。我体会到他有这种自由，他的取舍就不太一样，他做人做事的取舍不太一样，我觉得这一点还是很好的。

王明贤：你觉得他这么自由，怎么体现他的建筑的严谨？

王丽方：我主要欣赏的是这个美术馆，相对来说需要批判的是园子。我们在苏州园林里对空间的印象，对我来说比较深刻的是一种巧，这种巧就是一会儿穿插，一会儿错综，一走就会改变。这种巧我觉得是你在园子里追求的，但是追求得有点片段，这里追求这个巧，那里追求那个巧，而组织层面的巧，没有建立起来。刚才也有很多人说你片段，你也说自己有片段感，就是都在同一个层面上做巧，没有在上一层组织做成巧，所以我觉得层级感不够，都在一个层次上。

第二个就是深度，我觉得空间的价值评价，和对形体的评价应该是两个系统，可是我们现在实际上对形体的评价，在西方的建筑学里有一整套，可是没有对空间的评价系统。因为我觉得西方对空间不像中国人这么敏感，所以他们没有一个系统的评价；而我们有感觉，可是我们也还没有很系统的评价。我自己觉得，空间里面至少有一个价值，叫作"深"。就是说你感觉到这空间很深邃，是美的，是空间的一种美，是独特的，不是形体的。我觉得在"深"这一点上，你的园林没有做到，虽然有很多的小的进入，但是我觉得深可能还是要在更高一个层次上组织，就是它成为一种秩序，或者成为一种更上一层的组织，可以组织出一个深来，所以我觉得"深"这一块有点不足。因此进入感有的地方有，有的地方没有。

另外，我觉得园子中点和低点都注意到了，但是高点没有什么处理。我也思考过这个问题，实际上高点是我们做新的园林的一个难点，因为中国古代建筑的高点自然有好的，拿来就用，而你要是不用它，你还有什么可代替它的高点？很难，比如说我好不容易做出一个砖的或者其他形式的高点，也确实很漂亮，但是人家古代园林里的高点是又漂亮又多，各式各样的，就算你创造出一个，但你创造不出十多个，所以高点更是一个难点，我觉得这个园子缺高点，点都在低处。

另外，玩儿呢，我觉得园子应该是玩儿景，但是玩砖玩得超过了景，所以它抢了戏，我觉得玩儿景还不够好。

还有刚才说到一点，你发现有的地方你希望有人的，果然有人去了。我要是做园子会很重视这一块的，超过任何其他东西。比如我在清华北院做的那个地方，我做了好些桌子、凳子，怎么摆放呢？我让工人抬着桌子跟着我走，我说摆这，然后这个桌子周边的四个凳子我都要坐一遍，看我是否喜欢坐在这，如果不喜欢再挪，一直要摆到那个地方就是我喜欢坐的地方。所以人情味这个事情，我觉得你关注到了，把这块修起来，将来你的园子就会有人气。我做的那个园子就特别有人气，现在到什么程度？虽然座位很多，但是还都要占位置，天气好的时候，都不够坐。我觉得我很喜欢去，学生都喜欢，本来那儿没有名字，后来学生叫那个廊子是"丽方廊"，后来因为大家谈恋爱都愿意去那，所以就叫"情人坡"，所以现在正式的名字叫"情人坡"。现在婚纱摄影都愿意去，谈恋爱更是一定要去，成为这样一个局面。所以我觉得我对人情和环境的体会对我助益很多，将来你能注意到这一点，还可以再做得更确定。

然后说你做大建筑还有小建筑的事情，我有一个人身攻击，这是厉害的了（大家紧张地听）。从你说的这些话，我有点觉得你也许会喜欢把自己搞得够复杂、够纠结，而比较舒展和爽快的东西可能不是你最喜欢的，我不知道是不是。就是我觉得这片美术馆做得比较舒展，但是你觉得这么大没什么玩头就完了，而我知道这里还是有很多设计，像做细节肯定花了很多心思，你还是要处理很多的复杂。但是你觉得这边似乎没有园林那么复杂，没有那边那么困难和错综，所以你倒觉得它没有味道了。可是我倒觉得舒展的价值你还是要做，因为我又看了一下新的美术馆，我没有好好想，感觉上还是偏于复杂。你的清水会馆我没有看过，但是我看过一些材料，那个园子你也花了很多心思，但是我觉得过于复杂。就是那种闲散、率直的感觉被你喜欢复杂给吃掉了。我觉得

这个展馆好，可能你觉得不够，好像都整整齐齐，有中轴线了，没有那么错综。你自己琢磨一下，也许个人品味里面有点往复杂上偏，虽然你做舒展的东西挺好，因为你注重细节，所以大空间加上很好的细节，其实合适，我觉得挺合适的，而且我觉得挺感人的。当然，要一天到晚住在这可能也够呛，但是来参观我觉得还是挺打动人的。但是园林纠结得稍微厉害了一点。还有刚才说层次上面没有上一个层次的总控，所以园林的整体感没有建立起来。因此我觉得，未来几十年，你在瞄自己方向的时候，我要提醒一下。

董豫赣：我简单回答，我还没有听出王老师的人身攻击，因为最后一个问题，包括过去的经验，你的大气、帅气或者我的纠结、复杂，我倒也没想去改，我觉得这属于我性格的一部分，我想可能将来把这部分做得更好，但却难以变成别人。我觉得今天我听到最有价值的一部分，就是我真正纠结的造园部分被你指出来了，我确实花了很多时间来做这个园林的进入部分，我也尝试了各种曲折甚至得意的进入方式，可是最后对深远，你表述为深的部分，我自己也意识到了，我还做不到。它导致我和甲方的交流不那么斩钉截铁，为什么呢？比如你说的制高点，山上其实我是画过方案的，但是后来闫总跟我讨论，我之所以不坚持，就是因为我觉得它真是当代造园非常难的一个事情，就是你跑到高点上干什么？因为我在那块做的不是那么有把握的时候，我怎么去说服甲方？甲方和我是平等的，因为说服不了他，我最后就放弃了说服，但是他种草坪，我又对他表示了强烈的不满，甚至讽刺他，但是我讽刺完了，我自己也没坚持按我的方式做，是因为我对那个制高点的设计也没有把握。我觉得有意思就在于，我还有几十年呢，我可以接着去思考如何做这个问题，它让我下次去园林时，可能对假山的制高点部分格外敏感。

李凯生：我是第一次现场看老董的房子，以前的几个作品都没有实地看过。作为第一次，我的感觉可能和很多人一

样，还是非常非常震撼的！对砖和空间刻画的工夫有些超出了个人的想象，往往只在一些我们熟知的著名案例，比如路易·康中才能经验到类似的某种震动，为此我们必须得感谢老董，感谢这个建筑能够激发出这样一种纯然的感动。我们进入建筑，震撼首先源自于建筑的空间和形体本身，尤其是室内这部分堪称伟大！我认为完全可以用"伟大"这个词来给予描述，建筑成功地创造了一种自身独立的超然品质，刚才李兴钢也说，一走到这里面，有一个非常强烈的感受，就是再一次进入到董豫赣的世界，这个世界被一种异常强烈的形式、氛围描述，如果说那是一种特地的、设计的"境遇"，那么所有的人都成功地自动进入了，这里我们体会到一种极其类似于园林的东西——虽然在气质上反差如此之大！

　　伴随而来的感受里面，有一种狂飙式的想象和空间创造力，某种程度上，在震撼之余，同时觉得它有某种预谋和控制的成分在里面，个人的经验取向和个人对形式、构造、细节的偏好，会略微超过给人自由诠释的预留。当然，这本身就是一个矛盾，永远是一个有趣的矛盾。以写作为例，比如古人在写文章的时候，很讲究对语言过犹不及的审慎，这种东西我认为老董可能需要靠一个一个的经验和阅历慢慢消磨掉一些"讲究"。这组建筑对于我来说，有点像是一个潘多拉盒子，盒子里面装着那么奇幻的东西，都想得到一一描述，充满了某种神话情节和张力。清水会馆所创造的那些方法，所尝试的语言形式，到了这里被重新组合使用，显得更加圆融自然了一些。站在纯粹建筑学的立场上讲，在所谓传统建筑学的领域范围里，我觉得这个建筑代表了在一种特殊空间语言方式上极大的成功，确实是李兴钢所说，它的完成度相当高。这个"完成度"，我认为是一种建造意义上的完成度，我刚从日本看完那些传统园林和寺庙回来，从建造意义上讲，其完成度肯定难以跟历史上这些著名的工艺世界里的案例相比较，但是它在一种空间和语言的意义上的完成度的确是相当高的，因为它为我们提供了关于一个世界的奇特情景。

　　当然，一旦我们要把现代建筑这样一种造型系统空间语言，把我们受到的既有建筑学训练——很大程度上是一种造型性的训练，直接应用到造园上，其可能出现的矛盾有时候就会让我们措手不及！这本身也是我个人同时也在做一个园子项目时所深切遭遇到的那种话语危机感。我认为用现代建筑学建立的那套语言系统，去直接应对园林这样的话题实际上是非常局促的，它反映出现代建筑学的某种盲区的存在。正如刚才王老师也提到，我们对园林的理解和期待在很大程度上是建立在形象上的，所谓景观必然是一种形象和情景的问题，但是现代建筑语言要做特殊而生动的形象是非常困难的——这种困难只有直接面对才会有切身的体验，在此之前我们很难理解到现代空间语言这种根本性的"缺陷"。形象、角色、位置独立性、细节的个体性等等，这些东西会被连续的形式要求、造型的连续性和片段性的相互构成关系所破掉，在现代形式语言体系下，你永远在这个形和那个形之间进行对比，在一种构成关系中理解事物的细节和总体，设想一下立体主义以来的空间观念，都会提示我们所处的某种特殊的形式境遇——我们不自觉地处于一种缺乏足够反省的形式经验之中。

　　实际上在传统园林里面，每一个楼、每一处场景都是一个独立的角色，每一个楼、每棵树、每块石头都首先是独立在场的，都携带着它的历史和意义。它是一个"在物"，一个独立的存在者——背后隐藏着它独有的意义世界，园林中充斥的是存在物与存在物的关系。而我们的现代建筑和当代的建筑学建构的是形式与形式的关系，哪怕是到了空间层面，那也是空间与空间的形式的关系，到建造层面也是构造化和构成化的形式关系，这种关系倾向于不断结成一体，你想把它们打散，然后放置到园林里面，能够跟自然的事物混成，然后又给予很高的意境性的归纳、统摄，这是相当困难的，甚至远远超出了现代建筑的理想——最初它仅仅被设想为一种解决实际生活问题的、高度克制的功能形式体系。

　　一言蔽之，现代建筑语言缺乏，或者说丧失了与事物实质性的"类比"关系！

今天我们要去造园，它的困境可能在于你的语言系统必须要重新梳理。比如说我们在传统园林里面看到那种丰富的意象和景观符合度，在现代建筑语言条件下是很难实现的。在园林中，一个丧失了具象性的现代方盒子想要提供造型是很困难的，往往显得非常苍白无趣，就觉得形式系统一下子进入到某种盲区。反过来，我们尝试理解一下园林在历史上以传统工艺学的语言方式，在形式与造物以一种自然关系里成立的一种系统关系，能够回复更为复杂的在场性，这种在场性必须被视为园林的某种基本特征。

在今天技术化的语言系统中，当代建筑的形式体系的根基——或者形式体系的源头到底是什么本身就非常值得反思，它的基本原型是什么？它的根本指向什么？它的语言状况到底如何？它对自然和场所的基本态度如何，在园林条件下必须得到反思。这远远地超出了修辞学讨论的范围，可以肯定的是，依靠技巧性的处理解决不了问题。

进一步谈及现代形式体系的"字词"关系，比如说，我们都直观地能够理解传统园林为代表的空间语言有一整套类型化、层级化的造型系统：楼、台、亭、阁、园、院、厅、堂等等，既有类型的规定性和形象的意境，也有场所性质和情景的规定性，同时也有造型的取向，这些东西都很成熟——意味着寓意、共属性和张力都极其丰富，并为那个生活世界所共同维持着，这套形式语言绝不是个人的穿凿。我们都在用这套东西，大家都认同它的寓意，园林语言的轻松和自如使得完全无需由个人来重新奠定每一个东西"成立与否"。如果今天我们写一篇文章，你得先造一本字典，你得建立一个字词系统，最后再把字典上的字拿去运用而又能够自然地获得深刻的理解，事情就变成这样一种困难的局面，语言变成了无数难以沟通的独立话语——这正是当下建筑、城市和园林所共同面临的困境。作为一种同样需要面对的局面，在这方面我非常愿意再和董豫赣进行一次深入的对谈，以前也

多次讨论，但是没有那么深刻，应该是因为缺乏具体的对象，这次我们分别在一南一北造园，应该可以聊出点什么！

再一点我个人认为很重要的是，对于造园，与一般建筑学内部理解所不同的是，其实它是一种地理属性的东西。就是说园林其实不是建筑学的问题，它是一个山川地理的东西，一个浓缩的地理系统，它的核心是对场地的塑造，而不是建筑的形式和空间。古人爱图画山水，写山水诗、作山水画、造山水园。山水——在古典的含义里面是对世界属性的一种归纳，国人的传统意识根深蒂固地认为，生活的世界，最初和最后的世界就是山和水，分别指向源头和归宿。山水，它根本就是一个地理含义的东西，是天地载物的最后情景。那么，如果我们今天造园需要对接某种基本的传统意境，这种地理情结在空间当中就需要能得到一种承转。在观念上讲，就是我们必须把所有的空间中物都理解为地理性的事实，空间的地理属性，我认为可能是我们应该关注的一个方向。当我们谈到地理的时候，我们在地理寓意的世界中遭遇到的都是在场事物，都是明晰和纯然的物，物——物的关系以及它们和生活世界的关系。但是我们当下的建筑学只倾向于把这些物——物关系变成形式的、构造的、结构、材料、色彩的关系，世界因为全面分裂了而又被强行压缩在一起，你怎么能把它还原成独立的造物，恢复它的每一个场所或者每一个造型、每一个节点自身的整体性和存在感，又如何恢复其与世界的自如自得——而这正是园林性存在的基础。

再从感觉上发挥一下，我觉得我们如果要用建筑学的方法介入园林的事实的话，可能会需要对先在的一种观念和方法进行反省，就是要坚决减损掉一些过分的人为倾向，如果你在基本方法和语言方式上就已经非常人工化、技术化了，那么你用这个方法做出来的结果，怎么都会带有很强的作为痕迹，这不是自己通过纯粹的个体努力能够颠覆的。比如涉及怎么样使用一种材料的感觉，建立与材料的关系，比如说

我们谈到用砖，实际上在于你怎么理解它，理解它是一个建筑的材料，那我们就用构造的方式应对它，如果理解它是一个物质性的东西，我们就关注它的材质和质地。实际上，砖的存在，还是需要回到它作为一个事物的状况，就是怎么样从一种材料性的、构造性的甚至是物质性的压力当中，回到它作为一个纯粹的事物的一种状态，最后我们可能用氛围的在场性去理解它。

还有就是我们可能预先有很多的范式，这就是学院派建筑师的特征，今天大家骨子里都是"学院"内部人士，理解非学术的、学院之外的建筑学状态和思考方式变得比较困难。

董豫赣：其实我倒特别想有学院的味道，但是就像你刚才讲的，造园的学院肯定是没有的。

李凯生：因为我们都是先做学问，或者说先做学问式的思考，然后再去设计房子，往往不是直接就着日常生活的理解，然后再把它直接使用进去。这里如同王国维在《人间词话》中所说的：总有"一隔"。比如说我们的语言习惯中，总有很多片段式的典例和范式埋在里面，我们大量在使用所喜好的范式，这在古代写文章就是据典，有很多典例，这种典例你需要人们熟悉才明白它的意思。古人讲写文章之语病，多提反对据典用频，文章用典用多了以后，就变得很生涩、迂回，而不自然流畅，这些东西，对于我们学院派建筑师是尤其需要警觉的。要把这些迂回的东西解决掉，更多的时候就是直接面对这个事情本身的东西，可能更重要，或者更具有全面的含义。再就是形式感，我们受到建筑学院的训练，它是以形式为核心的，西方这一套建筑学，当然我这里的形式不是很浅的那种形式，整个西方的建筑学体系就是建立在形式系统之上的，形式又跟几何意识有关，就是说它的这种几何性的东西怎么样得到某种破解与控制，这也是一个重要的课题。

另外，还有一个关于场所性质和意境的控制问题。老董，

我前面注意到，你在介绍房子的时候，大多讲到的都是具体做法和进程，但是并没有就美术馆本身，怎么解决作品在这个房子当中放置的方式给予说明。在作品与展场的关系上面的考虑，我觉得不如你对空间本身语言自我生成的机制和特殊趣味更为关心。

谈及造园，我们说按照传统的方法，肯定是意境在先，比如首先给这个园子和各处取一系列的名字，取名其实又是对其进行场所和意境定性的问题。之后再把它分化成多少空间系统，多少位置系统，这个位置系统就包含了多少层级的场所内容，每个场所都需要情景的界定，这些情景本身在语意上面已经预先是成系统的、完整的东西，最后才是形式和做法的跟进问题，这种活动非常类似于传统写作和绘画过程，我感觉这一块的控制在今天我们看到的园子中确实有点缺失。个人非常希望董老师给我这个机会，安排一次对谈，我把今天讨论所记录的和我平时思考的东西找个机会深入交流一下，把对谈的也做一个记录，变成一个阶段性的总结。

闫士杰：在这里面唯一的外行就是我，我想用最短的时间表达一下我的想法。

我认为，中国现在的建筑需要的就是中国文化背景下的现代建筑，现代一词实际上是国际的、时代的，含括一个时代的生活方式，比如说我们都生活在网络时代，网络生存产生的网络审美，更多的是技术革命所导致的全球审美的时代符号化，缺少在一种文明或一个民族历史积淀的支持下产生的建筑，这个状态下，我们简单地模仿昨天的苏州园林是不对的，可是我们必须吸取苏州园林中的中国文化内涵，实际上董老师大墙背后的曲径通幽背后其实就是中国文化内涵的支撑。

我听过董老师的一堂课，就是关于东方园林和西方园林的课，听完以后我感觉他对文化的概念、哲学的概念，高于他对细节的关注，实际上董老师是一个很能做空间、做细节的人，可是，他今天建筑的背景支撑是对这些东西更深刻的

理解。

　　我在和董老师沟通的过程中发现，他不排斥所有优秀的东西。他刚才说他看到了很多好的意象，他敢于直接拿来，很多人在伪装、回避，他不回避，这是他好的一点。另外，他也不信奉大师，无视大师，他很自我、很霸道、很强势，同时也很平淡。所以，我认为他的很多东西，是自然生长出来的，我们今天在评判他的时候，我也有感受，很多人对我说，园林太紧了，太密了或者太霸道了，因为这是一个美术馆，很多西方现代的美术馆都是很简约的景观，要给未来的艺术品留下空间。可是我认为，我一直不想干预这件事情，或者说不想多说这个事情，为什么？我希望他的语言是完整的，因为一个建筑的完整是最美的，最系统的，如果你打破了这种完整，可能就是一种不完整，这是我要表达的。

　　实际上董老师刚才说的很真实，对建筑的简约和对景观的逃离，是它自己生长出来的，可是它确实很紧，所以我只能说，在这种紧的过程中，可能还要放松，这是在一个过程中的演绎，或者自我的生长。

　　我在美国一所大学看到过一个 150 平方米的小教堂（作者注：小沙里宁设计的 MIT 小教庭），看到那样一个大师设计的教堂以后，我发现建筑不在于大和小，在于建筑师的发现，对美的发现、空间的发现、对建筑的理解，实际上董老师对建筑有很多发现，每一个优秀的建筑师最重要的就是发现，只有发现了你才能表现。刚才谈到白钻美术馆（作者注：我为同一甲方在宋庄设计的一个小型美术馆，施工图完毕），我也引申一下，实际上董老师的紧也好，细节也好，在白钻是有所调整的，比如说红砖这个建筑就比清水会馆更让我喜欢，我认为清水会馆更碎，但是这个已经很简约了，尤其在建筑材料的应用上。比如说清水会馆室内铺地的红砖，他为了保持统一，可是那个红砖实际上是很燥的，我有这样的感觉，做白钻的时候，董老师在给我做工作，他说我不用红砖，我说你得用红砖，你红砖做得好。实际上我们两个不管怎样争吵，合同已经签了，我们两个争吵的时候，最后乙方说了算，

我还是遵循了这样一个原则，实际上董老师坚持，比如说要换砌块材料，我说同意。比如说原来我希望红砖美术馆都是红的，后来董老师找我谈，北边园林部分必须是青砖，我说同意。所以白钻我感觉很欣慰，我没有造两个红砖的建筑，这是董老师的坚持，如果要说对白钻的理解，我认为可能跟这个建筑比起来，那个更小巧，更有方寸之间见天地的感觉。

　　我感觉苏州园林很中国，可是，在大的建筑背景中它已经过时了，或者说现在没有那个时代的人文氛围了，所以，我特别欣赏成都人做的景观园林，因为成都人对大山、大水、大植物的理解装在现在的大园林里，可能更好。从这个角度看，我们今天的景观园林是在创造，必须创造出今天的坐标，董老师在北边的园林中做了一个中国现代园林，虽然还是很紧，可那是一种创造。

　　王明贤：实际上中国的建筑发展在大跃进，中国的美术馆建设在世界上是一个奇迹，我想这都应该是中国在整个世界建筑史上的一个奇迹。但是这十几年我们觉得包括中国的一些当代建筑，已经把建筑的尊严糟蹋光了，我们有这么好的机会，但是我们没有留下什么好的美术馆，这实在是太遗憾了。比如现在在北京，马上就在鸟巢边上，建一个 13 万平方米的国家美术馆，再边上有一个中国工艺美术馆及非物质文化展示馆，8 万多平方米，旁边还有一个国学中心，上海市中华艺术宫等都是几十万平方米，几年内建造这么多美术馆，这在世界上简直是不可想象的，但是现在我们几乎留不下什么好的建筑，所以看到这个红砖美术馆，我就觉得这是一个非常难得的建筑。从这个建筑我还想到，刚才说中国建筑的尊严被糟蹋光了，其实就是因为这十年都是商业建筑在主导，但是还是有一些建筑师在做他们自己的研究，这些都是非主流的，都是在边缘，比如说董豫赣这十多年一直为中国园林的建筑研究与实践而努力。

　　今天的研讨会就到这里，谢谢各位！

后记

一个月前，甲方与我商量，能否赶在美术馆初展前，撰写一本相关美术馆及庭园的小册子。我对仓促出版作品，颇感踌躇，当年在清水会馆进行访谈时，也正处于建筑庭院的收尾阶段，砖红的新燥，还没退火，地气的湿润，还没为地面染苔，移栽植物的截肢创口，还未愈合。与那时一些杂志发表的崭新照片相比，两年后出版的《从家具建筑到半宅半园》里的照片，简直像是另一幢老庭院，我显然更喜欢后者时间沁入的气息。

红砖美术馆项目的出版，本计划在两年之后，并以"败壁与废墟"为名，作为我自编自写的"北大园林"丛书的第一本，以与先前的"北大建筑"丛书系列对照。计划中的第二本是《时间与造型》，旨在描述钻石与湖石这两种不同造型物背后差异的时间观念，这本书中观念性的倾向，将在《败壁与废墟》中得到相关造园实践的补充，而那个时候，红砖美术馆的庭园部分，将被时间包浆得温润而自然。

但我理解甲方提前出版的念头，能在美术馆开展的柜台上，摆上一摞关于美术馆建成物的出版物，将是对他五年来耗尽心力的最佳安慰。他力劝我抓紧此事，我随即与同济大学出版社的编辑小孟沟通，她答应以最快速度报批书号，我则以空前的写作速度，赶出了几万字的正文稿件，而建筑界的几位朋友，也慨然抽出时间，来到美术馆现场，进行针对性的批评对谈，它们构成了对正文有益的补充，曾辅助我设计美术馆庭园部分的万露，则特意从杭州赶来，摄制了本文插图里多数的精美照片。

补园后记

重印了几次的《败壁与废墟》，再告售罄，与出版社的合同却已到期，编辑李争问我是否愿意续约加印，或者干脆修订成新版本。

翻看书中当初 26 天内赶出的文字部分，虽有仓促之气，却也有一气呵成的紧凑，实在没有修订的动机。倒是书中照片，无论是建筑还是庭园，都有崭新的燥气，就想着不动文字部分，只置换一些已染苔色的庭园照片。柯云风质疑我这讨巧的构想，他以为红砖美术馆庭园的变化，不只是草木水气的多年滋养，池山周边这些年来的陆续加建，也造成了庭园场景的实际变化，如今很难拍到与原书完全一致的照片，而对新照片中那些变化了的场景，原来的文字又没有介绍。

我深以为然。记起我曾以"补园构形"为题，专门讲过红砖美术馆后续这些琐碎的加建与改造，讲稿后来在《新美术》发表，就决定修改这篇口语化的文稿，并改成"补园后记"的新标题，它就既能容纳这些加建或改造部分的新照片，也可用作再版的新后记。这些改造或加建的时间跨度，大概从 2013 年的报告厅开始，持续到 2016 年的鸟笼才告一段落，而最近的一次加建，是红砖美术馆西门外的一条咖啡廊，两年前土建就已完成，因荒废至今，我就并不准备介绍它。

1 报告厅加建（设计：董豫赣＋王娟）

每次甲方找我加建或改造的理由，都说是面积不敷使用，每次都问我能否将某块空地加个顶。我虽不认可他将设计简化为覆顶之事，每次都还兴致勃勃地投入设计，以弥合美术馆主体建筑与庭园分裂的初始情形。但甲方老闫第一次提出加建的覆地范围，让我错愕，他想将美术馆东北角的红青庭与小教庭全部覆顶（图 1），以扩展美术馆北部面积。我很难想象这两座空庭完全室内化的情形，就提醒他名为红青庭的方庭，有着消防回车场的实际功用，而为保证消防车能抵达这处空庭，小教庭南侧的 4 米通道也必须保留，最终商议的结果，是在小教庭半围合的范围内，加建一座规模不大的报告厅。

北

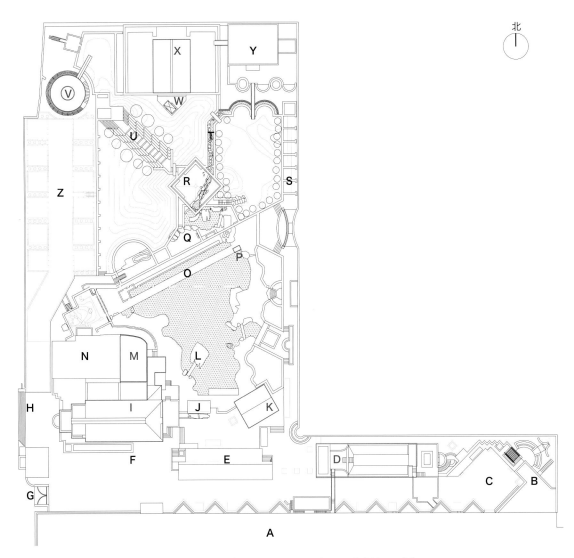

A. 美术馆　B. 卫生间　C. 红青庭　D. 报告厅　E. 咖啡厅　F. 堆货场　G. 进货口
H. 车行口　I. 西餐厅　J. 青瓦台　K. 小茶轩　L. 浮岛　M. VIP　N. 办公楼
O. 十七孔桥　P. 鹅舍　Q. 石庭　R. 槐谷庭　S. 镜序　T. 石洞　U. 槐谷　V. 藤堂
W. 鸟笼　X. 小展厅　Y. 机井房　Z. 停车场

1

名为小教庭的矩形庭院，当初是以一座未建成的教堂平面所围成，西侧那堵照壁上的镂空十字，只在夕阳逆光时才能显现的缺憾（图2），常让我想象它被覆顶后在明暗对比中的情形。等到机会降临，我却既想复现它起兴的教堂意象，也想维持它这几年被用作庭院的户外意象，为此，我坚持要保留庭东一株白蜡，以及东龛内的一丛金银木（图3）。

一方面，我希望室内足够幽暗，以彰显西壁上的镂空十字，另一方面，我还希望它能朝向东侧林木完全开敞，为此，我将与西壁相接的两段低矮弧墙加高到顶，以将西侧照壁隔离成完全幽暗的主席台，只在近地处以砖花格透出弧墙外植物池的微弱绿光（图4），而东侧开敞的入口，则被前庭保留的植物压暗，前庭上空连接楼梯的一半屋顶平台，也能减弱部分天光。

正是为接通美术馆二楼与十字照壁南侧水塔间的路径（图5），促成了报告厅屋顶的V形剖面，以及室内特殊的高侧光。那座后来被视为教堂钟楼的砖塔，实际功能只是一座消防水塔，最初由甲方的设计师自行设计，结果是水塔下两层结构空间因无用而被完全包裹，就在原结构基础上，将

底部设计成敞厅形式的面包房，以与临近的咖啡厅一起将户外场地经营成下午茶，又在塔墙缝隙间增加一部窄梯，聊表其中间层亦可上人的意愿，尽管后来常有游客攀爬上去拍摄，但我对人们还要在陡峭间折返一事耿耿于怀。

这一次，我意欲将报告厅屋顶设计成美术馆与水塔的中途场景，以为美术馆与北部池山间新增一条空中游径。关于其屋顶成形的多重欲望（图6），我在随后出版的《天堂与乐园》有过介绍：

教堂的Ｖ形屋顶，有居游两重考量——以Ｖ形谷地平坦的居留屋顶，连接水塔与美术馆夹层，以Ｖ形反坡的高度，遮蔽邻居过于靠近的别墅。支撑它的Ｖ形密勒梁，既起斜撑的结构功能，亦将光线滑入幽暗的教堂空间，但原本在幽暗中逆光明晰的那枚十字，不知为何先被填实两臂成为一竖，让参观的一位基督徒女士都觉难以思议。

我后来向甲方咨询此事，他以为，一座多功能的报告厅，应避免特殊性意象，他担心意象明确的十字架，会引起一般使用者的不适。这一相关普遍与特殊的问题，本是建筑学的核心议题之一。当初，我在北墙上镶嵌一条带有横幅窗的木榻，不止为冲淡小教庭过于肃穆的宗教氛围，也期望能以外放的视野调和其强烈的内向特征。我后来在这座报告厅内，曾偶然见过两种截然不同的使用氛围，一对夫妇偶入其间，凝视着那条镂空的一竖光线，他们忽然降低的耳语低音，颇为肃穆；与此同时，在横幅窗外的狭弄间（图7），有两位衣着时尚的美女，正摆出各种姿态自拍或对拍，或是内外强烈的明暗对比，她们不时停下来，旁若无人地将玻璃当成镜子补妆。报告厅所维持的教堂氛围，让我当年期望它能分流对面果园餐厅婚庆活动的愿望，在报告厅建成不久就得以实现，我在园中偶遇到的一位青年建筑师，他不无兴奋地告诉我，他上次来参观报告厅之后，就取消了在果园餐厅预定的婚礼，而改在这座报告厅内举行，他这次来美术馆只是为确认小餐厅的婚宴容量。

2 小餐厅改造（设计：董豫赣＋周仪）

小餐厅这次改造前，已经历过一次改造。

它起兴于一座地下消防水池，我觉得近百立方米的水池，在北京本身就是件很奢侈的事情，我不希望它被技术化掩埋，就想用一圈环廊单坡顶上的循环滴水，注入池中以表现消防水池的幽深意象，同时以这座四水归堂的环廊作为美术馆西门的入口玄关（图8）。

施工过半之际，甲方说他缺一个小餐厅，希望我将这座回廊池庭进行覆顶扩容。我将旧有玄关的交通功能，分流在小餐厅南北两侧宽窄不一的夹道间，南部种满藤蔓的狭弄，可接通美术馆北路的咖啡厅与报告厅，并隔离它与美术馆之间的卸货场，小餐厅与办公楼间的宽道，可折向更北部的山池，通道北侧密植竹林，既可隔离办公与用餐这两种活动，也为它们提供向背不同的竹景。

我并不想改动已建成的结构，将环廊中间庭池覆顶的结果，就得到一个类似金箱斗底槽的结构平面。在此基础上，我既想增加一个阁楼以扩容量，又不想改变其作为玄关时的单层坡顶的意象，既然失去了玄关向水的面向，我还希望它能与东北角外的山池保持一些关联。这些同时性涌现的不同念想，让我记起周仪对拙政园见山楼屋顶的一段描述，当时与几位朋友在见山楼后，正在感慨它与贴水长廊间绵延的动人姿态（图9），忽然听见周仪在一旁近乎独白的低语，说是这条长廊与见山楼的关系，就像是长廊爬上见山楼的歇山顶上歇息，我当时就觉得这一描述极具设计潜力，如今想来，这座阁楼可以在歇山位置斜看北部池山，我邀请周仪与我一起设计这座小餐厅。

后来被葛明誉为红砖美术馆最佳设计的这座阁楼的结构，就得益于周仪古建筑专业的建议，我第一次尝试着用混凝土结构表达木结构的构造意象，外立面上的梁上架梁（图10），各有目的，以垂直阁楼的单向梁为阁楼滑入光线，而以横梁上方的圈梁，收束向着南侧货场或北侧办公的视线，继而将视线压向两侧巷道间的植物小景（图11）。至于那座

位置歇山的上人屋顶（图12），我一直觉得遗憾，若是这座建筑能放大一两倍，大概才能真正实现人们在坡顶歇山处歇息望山的完整意象，如今它虽在歇山位置，但因面积局促，而只能收束以混凝土栏板而非绵延而至的坡顶。尽管这正是葛明以为这座建筑的潜力之处，它既能大而宏敞，也可小而精巧，但我依旧感慨要是大一些会更好，但我可以以现有结构与未来场景来克制这一扩大的欲望。

但甲方对面积的单向欲望，最终使得这座阁楼面貌全非，为扩展餐厅面积，他在施工中将餐厅北扩，直抵办公楼南墙，

又向南下挖了一个与餐厅配比失调的巨大厨房，南侧的狭弄，被局部改造为一部下行楼梯。南北两条通道就此堵塞，如今从极为正式的西门进入，就只能穿过堆满集装箱的卸货场，而失去这两侧植物通道的小餐厅，忽然间就失去了内外两种面向，它既无当初玄关池庭的内向景物，也没有敞向藤竹的外向视野，即便是在白天，底层也幽暗得只能开灯使用。阁楼因为有梁间滑入的缝光以及高侧窗，空间还算明亮，梁柱间一系列阁楼散座，按周仪的设计，三边皆补以木梁为栏板，既能延续阁楼混凝土梁架结构逻辑，也能彰显散座间空透的意象，后来被甲方以木板密闭成的卡座（图 13），不但掩盖了梁架结构的连续性，也阻碍了天光穿过梁架的下行照度。甲方坦言，下沉一步的卡座，常因地面被密闭成黑，屡有客人摔倒，阁楼后来几乎不再启用，连一度颇受客人青睐的歇山露台，也一并关闭。

他这次请我再次改造它的理由，就是希望能缓解小餐厅既内向又黑暗的情形，并习惯性地要求我能扩充点面积，但他并不想对阁楼装修进行翻改，我主要的改造活动，就集中在底层。

我将南侧通往地下厨房楼梯外的一段隔墙降低，并以一个植物池稍加遮挡比邻的货场，但只能稍微改观这一侧的亮度（图 14），而西侧的卫生间与北部直抵办公楼的外墙都无计开敞，只有东侧才有机会完全洞开。我希望它是以空间而非开窗的方式来向风景敞开，就在东北角角接了两个跌落的玻璃体（图 15），角对整座餐厅的那间，我希望它的脊线也在对角线上，它就成为一个独立的角亭，而被一截玻璃廊连接的另一间玻璃屋，因为要连接一旁 VIP 的入口，为避免出入淋雨，就将它设计为单坡向池的玻璃房。这组建筑，既改善了小餐厅的幽闭氛围，也满足了甲方扩大面积的愿望，同时还实现了我希望它能与东北角的池山发生即景关联的念想；而由亭经廊到房的三次跌落，不但消解了餐厅与办公楼东北角一间 VIP 入口间的一米多高的高差，也避免了亭房间

不同坡顶交接的困难（图16）。

我第一次尝试着用6公分（1公分=1厘米）方钢作为结构，尽端临池的那间玻璃房，因为能角对十七孔桥尽端的瀑布（图17），墙上那榀用以拉结屋顶的钢框架之间，我本想裱上一面镜子，既为婚宴女士使用，也希望能将亭外的池林景象映射进来。尽管甲方以红砖更大气的趣味拒绝安装镜子，这次改造的亭房，大概算是整个美术馆工艺最考究的建筑，它使得不远处那座钢结构水榭，相形见绌。

3 水榭翻建（设计：董豫赣＋万露）

这座水榭，是与池山一同施工的一座新建筑。当时，我正忙着红砖美术馆的内部施工，无暇顾及，记起与童明在尼泊尔帕坦看见过的一个钢结构亭子，就大概确定了平面位置与尺寸，交给当时与我合作的万露，吩咐她稍加简化就盖了起来（图18）。在后来的一次研讨会上，李兴钢特意指出红砖美术馆庭园的两处瑕疵，第一就是这座石棉瓦的水榭有些简陋。当时我并没觉得，但在后来经历过两次雨中的观察，我才意识到它的简陋之处，似乎并非材料而是身体感：

第一，亭子太高，身处其间，既没有身体被包裹的感受，也没能形成外明内暗的明确边界；

第二，出檐太浅，无法有效避雨，一些微风细雨就会淋湿矮墙上的台面，有次我被风雨堵在里面，竟发现内部桌椅全部淋湿，无处安身赏雨。

我就一再与甲方道歉并唠叨此事，甲方核算了一下翻建成本，接受了我要翻建它的请求。池榭北面，正对着水平的十七孔桥，我想设计一扇可以框入横桥的横幅窗。我觉得原

15

16

本的工字钢梁，应该可以支持更宽的跨度，就将原本分割为四间的五根圆柱全部取消，仅以两根与现有钢梁一样尺寸的工字钢柱，构造出一条横幅画框。横幅横跨大概有 9 米，老闫的监理觉得这个结构绝对不行，老闫打断了监理的陈述，他说，你先别说绝对不行，你就说多大的结构才行。监理皱着眉心算了一会儿说，现状的工字钢只有 16 公分高，怎么也得三四十公分的钢梁吧。老闫当机立断地下结论说，那就在原有工字钢下焊一块 200 公分高的厚钢板。

过几天，我到工地看，发现钢梁间还是增焊了一根钢柱，监理觉得工字钢加焊钢板，并不可靠，就擅自加了一根中柱，这个工地，很有几处都是这位监理自行决定的改动，有些被甲方勒令修改回去，有些就只能将就至今。幸亏这次我在现场，我问如果在原有工字钢下再裱焊一根等大工字钢是否坚固，他说那绝对没问题。我建议他先将那根中柱割下来（图19），给我一天时间我来想办法。即便是用两根工字钢梁叠焊的新结构，我依旧想表现单根工字钢交圈的完整景框，我用下部补焊的衬梁，与工字钢柱的翼缘凹槽，构成一圈完整的视框，并在端部与原有那根工字钢梁刻意脱开，完成的景框结果，甚至比单根工字梁交圈的景框还要好，整个亭子的屋顶结构，就像是被一圈景框所架起（图20）。与此类似的细部处理，衍生到底部南北两根并非承重的工字梁，它们分别搁在南高北低的两堵矮墙上，矮墙 36 公分的宽度与工字钢底面不足 10 公分宽的宽度差，一样需要处理，我让工匠将钢梁与砖表面之间的宽度差，抹出梯形斜面，它以牺牲台面的功用保证了景框的完整性。

水榭翻建完成，我得到一个超长的景框，却发现在水榭中几乎无法看全这个景框（图21），但从美术馆过来北眺或从十七孔桥回望，整个横幅所透漏出的明暗关系，让我觉得这次改造还算成功（图22）。有一天，我在咖啡厅落座俯瞰池庭，忽然觉得下面这座悬山水榭，如果改成西侧庑殿而东侧悬山，不但能改善坡脊对咖啡厅视野的遮挡，还能有效改

20

善水榭的西晒问题，我如今是以西侧种植来解决西晒问题，大概只有在这种有所针对的具体问题中，我才会对古建式样产生源自设计的兴趣。

4 办公楼改造（设计：董豫赣＋闫士杰）

李兴钢指出红砖美术馆的另一处瑕疵，是甲方利用场地间租来的别墅所改造成的办公楼，他认为这座两层建筑东侧弧墙（图23），对山池压力过大，并建议进行拆除或退台处理。这是我的责任，接到美术馆设计的任务之初，甲方就说这幢租来的别墅要是碍事就拆了重建，我却以别墅没盖几年结构也很坚固为由，决定保留它。因为是甲方自用，我就只在像是八字一撇的单坡顶内加建了一间阁楼，大概勾勒了一下空

22

21

说老闫改造这堵弧墙，理由是底层的 VIP 过于幽暗，而她楼上的办公室虽有两扇北窗，却都只能看见停车场，她强烈要求打开东部这堵弧墙以俯瞰池庭，老闫终于同意了这次改造。

按我的计划，楼上曹梅的办公室只需后退一个露台，即可消弱建筑对池山的体量压迫，但老闫却想借机在楼上出挑一块弧形面积，争执不下，我们就各司其职，我只负责打开楼下 VIP 空间内的弧形洞口，上面出挑的洞口则由他自行设计。按照密斯对玻璃反射性的描述，即便是在老闫上部出挑面积的下部阴影内，弧面玻璃的体量感，大概并不输于砖墙实体。我希望改善 VIP 的幽暗，但又不希望室内过于明亮，尤其是我希望能对这面玻璃将对景何处有着更准确的面向，就以深色瓦鳞格装裱玻璃外部四周，不止为消除体量与降低室内的照度，也为以瓦挂藤窗前，稍微遮蔽外部游客对内部的窥视，这类折衷的改造结果，才是美术馆后续庭园设计时的多数情况，我得到了一个藏在阴影里对景池面的横幅瓦鳞窗（图 24），甲方得到了一个出挑的落地大玻璃面。自从

24

VIP 这扇窗改造之后，老闫不但在这里会见世界各地的艺术家与各大艺术机构的要员，有些他在邢台老家的客户，也会被他带到这里谈事，几乎很少会被窗外的游客所察觉。

很长一段时间，我都不肯上楼看老闫改造的曹梅办公室。在外度假时，看见曹梅以短信发来一张办公室俯瞰庭池的秋景照片，颇为生动，向外的出挑，造成场景悬空在池上的意象（图 25）。老闫如此喜爱这一意象，很快就与曹梅交换了办公室，他选择了朝向风景而放弃了朝南的日照，我以为这一阴阳错置的选择，意味深长，它既否定了将开窗视为采光通风的技术手段，也否定了那种将外部视为匀质自然的盲视。过了几年，弧形玻璃的突兀体量，大多被外部茂密的植物与藤蔓所遮蔽（图 26），我如今甚至察觉不到它们的存在。

5 工作室改造（设计：董豫赣 + 何松）

一直到最近两年，老闫还常提及一种让我毛骨悚然的扩建构想，他想将美术馆后山全部挖空覆顶然后再在上面覆土种植，我每次都拒绝展开这一话题。我当年曾为他在土山下建造过一座覆土的庭院办公室，并期望将其屋顶作为北部湿地与远山的递度场景，它后来被邻居以一座三层楼的钢结构临建所堵塞，并将我设计的屋顶花园用成他家的花园。我对此所有的不满都写在这本书原稿的结尾部分，我后来见到过

这位常带人出入美术馆的邻居，他热情地过来与我握手，真诚地说他读过那本书的每一个字，还说我讲得都很对，但这并没消除我对他的反感。当老闫有天说想将那座办公楼的庭院覆顶以改造成艺术家工作室时，我毫不犹豫地答应了，尽管我对那个抬高半层的庭院甚为满意（图 27），但与其让邻居鸟瞰这座庭院，我如今更愿意封闭它。

老闫既想为两位驻地艺术家提供各自独立的工作室，又想为他们创作的作品展览提供展厅，由两条办公室围合庭院的格局，提供了空间二分的便利，将两条办公室各自的隔墙打掉，就能天然形成两间独立工作室（图 28），我需要设计

的只是共享的展厅部分。

　　一分为二的使用方式，唤起了我对汉画像砖上那类中柱空间的记忆，我首先在庭院中间矗立起两根中柱，将由庭院改造的展厅一分为二（图29）。几乎是习惯性地，我还想在这次改造中保留那座抬高半层的庭地意象，我既保留了原来作为攀上半高庭院的圆形门洞，也希望复现围合植物池的那圈矮墙意象（图30），这堵围墙，又将被中柱一分为二的展厅围成合二为一的一大间。

　　基于老闫希望屋顶不要遮挡邻居俯瞰视野的宽厚要求，同时也为保证展厅的匀质光线，我利用那两根中柱，托起两个背靠背的半圆拱，既可将东西高侧窗里的光线滑入室内，也可在展厅被一分为二时能有各自的天光，而中间低两侧高的屋顶，也不会遮挡邻居的俯瞰视线。

　　中间施工过程的周折，一言难尽。除开最初的美术馆建造时，老闫还能严格按照合同没有自行改动我的设计，后面这些加建，他再也抑制不住设计欲，他每次兴奋地告诉我他按我的思路帮我把设计推向极端时，我总有不妙的预感，我一再声明我对极端毫无兴趣，我只关心合适性。在小餐厅改造时，他将原本围合角亭地坑意象的底部裙板拆除，以表达极端的外向时，我虽不甚满意，但还能接受，但这次他对展厅围墙的两处改动让我震怒（图31），他说他收窄南墙上原本横幅的洞口，以为我会希望洞口与梁对齐，我说我对几何对齐本身没有任何兴趣，我之所以选择放宽完成包含两侧敞廊的横幅，是为完全展现墙外顶板上那条横缝天窗与尽端那个角部天窗之间的明暗叠加，我希望这条将来会悬垂植物的横缝天窗是位于更大屋顶上的水平洞口，而非被对齐的墙体挤成类似洗墙的一条高光；对于他单独抬高南侧的那堵矮墙，他解释说是为隔离观众对内部展厅的干扰，我将他带到外部看我在矮墙外挖的一条浅沟（图32），它与另一侧三角形下沉地面将中间路径夹成如桥意象，就自然可以避免观众的过分靠近，顺带地，它既可承接上部屋顶横缝间可能飘进的雨水，也为两侧开启扇提供避免人们碰窗的开启余地。

　　最终，复原后的完成空间，大家皆大欢喜（图33）。我与甲方各自带朋友参观时，只有葛明一眼发现除开我口中宣称的那两根中柱外，横幅窗中间还堵着一根本可取消的柱子，我一直以为自己对设计足够审慎，但对这根尽端柱子，我似乎从未审视过，我罕见地有了想立刻锯掉它的冲动。或许是为安慰我，葛明以为，即便有了这根冗余柱子，它还是能媲美那座小餐厅的空间改造，他说他尤其喜爱横幅窗外那条横幅天窗与角部天窗的叠加意象，他强烈建议我说服老闫不安玻璃就当成敞厅使用，以直观将来顶板上横幅天窗下垂

28

29

藤萝，而角部天窗下的紫藤攀爬上山的多重意象。

　　基于实用，我从未向老闫转达这一效果肯定更佳的敞厅建议。后来，角部天窗下的确种活了一株紫藤，而天光的缝隙间也渐渐垂下绿萝（图34），但老闫起初对这处空间改造的满意，很快就被美术馆当初取消附属建筑的空间压迫所压倒，它先是被当成美术馆布展工人的宿舍，中途曾一度清理出来，准备布展，很快又回归为宿舍，而展厅如今则成为加工车间。为避免内部杂乱的外现，那条横幅窗的玻璃上，贴上一层不透明的磨砂玻璃纸，几乎没有游客知晓这处空间。而那条有着多重含义的沟槽，也被老闫以为是施工缝隙而填埋，而我也是在一次雨天廊道的泥泞间，才记起那条沟槽。

6 鹅舍经营（设计：曹梅）

　　有天清晨，我忽然发现池北水中矗起两间酱色坡顶木屋（图35），木屋前还架起一方木板平台。让我大惊失色的木屋，是曹梅为天鹅架设的新鸟居。我并不反对为天鹅建造居所，我以为在庭园山水间的动作，就应有山水主题的限制，而非挪用迪士尼乐园的主题式样。曹梅自己也觉得不妥，问我该怎么办。我并不想接手鹅舍的设计，建议她将样式还原为想要解决的具体问题，她说木屋不只为天鹅居住，也为天鹅长时间孵蛋所用，她以为这两年天鹅从未成功孵过小天鹅，就是因为缺少稳定而温暖的居所，她因此选择东北角这处最能接受日照的位置；那座宽大的木平台，是为天鹅投食所用，园丁绕池追喂天鹅，既不方便也难清理，平台前向水中倾斜的一块木板，本意是让天鹅攀爬，曹梅羞赧地承认木板太滑，天鹅根本爬不上来。

　　我建议她不急着确定鹅舍的式样，可以先看看东北角是否有先天合适的场所，投食平台的位置，老闫建议就在木平台处浇筑一块接近池面的混凝土板，而一旁池底错落的驳岸石，自然可以提供天鹅攀爬。至于鹅舍，老闫又建议在十七孔桥的水泥管中铺块木板就行，曹梅以为水平木板会破坏十七孔桥的圆形外观，老闫就提议将木板往里退进半米，就能维持圆形洞口的外观，曹梅以为这样天鹅就晒不着太阳。曹梅自己选择的位置是水泥管与东北角驳岸石的一段缝隙，

33

我也喜爱这个位置，它日光充足，且能与投食平台相连，而有了桥面板，还可省去屋顶。我只建议她浇筑一块混凝土板，不只是酱色木模板太过显眼，它在水中也易于腐烂。对于曹梅担心它比邻瀑布的溅水，老闫大笑说这个简单，在后头起堵谁都看不见的墙就行。旁观曹梅与老闫间这类相互提问的推进方式，觉得很像是在我的研究生组课上，先明确问题，然后以问题来评估答案，就可以避免在趣味间纠缠。

由曹梅督造完工的新鹅舍（图36），毫不显眼，但使用便利，当年果然就孵出了两只天鹅，但都不幸夭折，园丁怀

疑是被池中放养的乌龟所咬，老闫抽干池水移居了那几只乌龟，再明年，果然成活了一只，看见小天鹅已从灰白色渐渐变黑，欣慰之余，曹梅有天问我能不能在山中做个鸟笼再养一些鸟，我自无不可。

7 鸟笼加建（设计：董千里）

当曹梅和老闫兴奋地讨论鸟笼该多大又该养多大的鸟时，我以为有两处现成的紫藤空间可以改造。一处是西山北侧的藤堂，另一处是山间小展厅南侧那个角部天井。

位于停车场北侧的藤堂，起初只是一个供司机休息的圆形藤座，美术馆人流超乎想象的倍增，使得停车位严重不足，老闫就想将它覆顶成室内建筑，一开始在圆洞上方还覆有玻璃，紫藤被玻璃烘烤得长势萎靡，移除玻璃后往上疯长，如今则撑满井口，因为喜爱仰视井口紫藤的逆光意象，就以一圈砖格子围合其原本开敞的界面（图 37），它们已可阻碍稍大些的禽鸟出入，只需在入口悬垂链条门帘，再将屋顶洞口覆网，就能将一座既有藤堂改造成鸟堂；而小展厅南侧那个角部天井，本由早期办公室厕所的角部天窗扩展而成，如今种了一株长势不佳的金银木（图 38），我建议改种紫藤，紫藤后来从天井内攀爬上山，因为害怕游人坠入天井，老闫就在上面焊了一块扁钢篦子，我总觉得它并非山中之物，又带他们夫妇到那个位置（图 39），我以为鸟笼也可以矗立在这个位置，大小就该是这个天井尺寸，鸟就可以以紫藤为木，穿行于天井与山之间，老闫与曹梅都觉得这个鸟笼尺度适中，都希望在这处天井上加盖一个金属鸟笼。

我记得巴瓦庄园里有个铁艺构造的井盖（图 40），颇似鸟笼，就在我准备以此为摹本上手设计时，葛明忽然来电话提醒我说，千里马上高二了，要我上点心，还要我想着点他明年的高考与报考志愿一事。我不以为然，在千里很小时，我就刻意培养他的独立性，相比于辅导他的作业，我更愿意带他去我的工地，相比家长们执着的奥数，我最大的乐趣

是在周末看他踢球时帮他捡球买水，最近到了高中，他的队友有些去了职业球队，另一些因学业繁忙也不踢球，千里就失去了踢球的伙伴，我则失去与他每周见面的机会。放下电话，我忽然觉得邀请千里来设计鸟笼，不但是个交流机会，或许还能对他将来的志愿产生潜移默化的影响。我向千里咨询设计鸟笼是否会影响学业，他说三四周应该没问题，就与老闫密谋此事，老闫极为配合地正式邀请董千里去他的办公室，谈论他对鸟笼的构想，我则带千里去现场勘察，并将巴瓦的那张井盖图发给他，还假托老闫之名向他支付了一小笔

设计费。

起初，他常向我的研究生咨询如何画图与建模，中途还找我聊过一次方案，他以为这么大的鸟笼，最好要有让人与鸟在一个笼子里待着的意象，他想将鸟笼剖开，嵌入一条长凳与一条桌面，我喜爱他的这一构想，只提醒他分割人鸟的空间最好不要太均匀。千里后来完成的模型，连巴瓦井盖钢筋的变截面都建出来了。对着模型，我问他为何将座位选择在西北角（图 41），他说他观察到游客多半是从东南位置进入，他感觉背对人流应该不太舒服。我又问他为何要将鸟笼在天井内悬挂一半（图 42），他理路清晰，说是若将鸟笼封闭在天井洞口的位置，则失去了鸟入天井的机会，而若鸟笼直接落在藤池池壁上，又会失去仰视鸟从天井内上飞的观察机会，他笑着说他本来就是观鸟协会的成员。他给了我模型后就消失了，我则负责帮他盯工地。他对完工后的鸟笼比较满意，却也挑出两处毛病，没能按图实施那个嵌在基座里的鸟食盒，而钢筋鸟笼应支在混凝土基座上而非悬挂进天井。

鸟笼完成的喜悦，并没如愿让千里报考建筑，或许是我

41

当年强调建筑系是清华考分最高的专业，他放弃了报考建筑，在清华与北大之间，他选择了北大一个我很陌生的专业，原因是北大这边是一位老院士单独与他面谈。又过了一年，新种的紫藤，终于攀爬上山，因为天井缺光，紫藤只在盛夏几个月才枝繁叶茂，我问曹梅什么时候选鸟来养，她忽然反问我将鸟关在笼子里是不是有些残忍，我很是错愕，争辩说我们只是去宠物市场购买笼养的鸟，给小鸟笼里的鸟换一个更大居所，大概不能算是残忍。但鸟终于还是没养，后来我时常看见游客在爬满紫藤的鸟笼内那条长凳上，自拍或吃些零食，难免就会想象有鸟飞鸣其间的情形。有时也难免会猜测曹梅对养鸟一事的态度转折，或许与几年前池中所养的一对大雁有关，有只羽毛渐丰的大雁，有天忽然掠过池山向北飞走，失孤的那只，后来被那对天鹅赶到岸上，整日悲鸣，四处游走，直到找到地下厨房的一扇幽暗的高窗外，才算定居下来，每日时常对着玻璃鸣叫，曹梅以为它是将玻璃中的镜像当成伴侣，谈及此事的曹梅，当时眼噙泪水。

8 余绪

从这些改造与重建的属性分类而言，这两个介于建筑与景点间的鹅舍与鸟笼，都由曹梅主导，而由老闫主导的其余改造，不但聚焦在建筑上，还多半表现出对面积的扩张兴趣，而他对我这些年来想要整理池山景物的建议，即便他有所热情，也常常无疾而终。

在那次相关红砖美术馆的研讨会上，清华大学王丽方教授对庭园部分的评述，一直刺激我想要改造池山的念头，她以为池山间的路径生动，却难以抵消山上的平淡无趣。最初的改造计划，起兴于将机井房改造为几套客房后的发现，当时站在东北角二楼客房，鸟瞰那条种满龙爪槐的槐序（图43），其青翠满铺的动人景象，让我觉得它应成为公众赏析的景点，我想在比邻这条槐序的东山上，镶嵌一系列下沉的座龛，大概也能俯瞰到类似场景，或许，我还有机会增加一条从槐序间攀山的密道，以分流槐序常被拍

摄者堵塞的人流，正是那一次，老闫兴起了要将整座土山挖空盖顶的念头，被我拒绝后，他对这一无关面积的景物改造，似乎兴趣索然。

相比之下，他对我想要改造西山山顶的计划，一度曾兴致盎然。它位于嵌有山字象形石的上方，早年因山形石缝背后的土，不但被雨水冲成土间沟壑，冲出石缝间的泥土，还常常淤积在石庭间，我曾提及干脆将那个被冲刷出的山谷稍加铺装与种植，以从底部山形石缝间窥视其绵延的山谷意象，老闫对此不置可否。当初池庭初成时，老闫曾运来几株截冠巨柳，要我种在池畔，剩余一棵临时放置在西山南角，几年过去，居然枝繁叶茂。有一天，与他散步至此，又提收拾山

42

谷之事，我以为，有了这棵巨柳的遮蔽，若将树荫下这块巨石上的场地围成一处谷间凹宛，不但从石庭入口就能被它吸引，还能为山上增添游人落座之处，他在如织的游人间徘徊良久，很是动心，打电话找来工头，让他们下周忙完展览的事，就和我一起改造这处山谷，后来却不了了之。

我对此并不意外，美术馆初次试水之际，我就告诉他瀑布石背后石庭中那块大象石，还有一个瀑布有待完成，与临池那块骑墙的瀑布石不同，这处瀑布有两个泄水口，一个在中间往西斜流，另一则先垂直落入近水的一条兜底石槽中，然后才满溢入池。我向他描述它未来的景象，从南岸北望，骑墙的瀑布，加上圆洞内可同时窥视的这处瀑布一角，才能形成水从山出的林泉意象。

他当时颇为兴奋，说是开幕式之后就立刻完善它。随后的几年，他至少三次与我在这块瀑布石附近上下游走，不但确定过山上注水口的引水位置，还商量过从石头什么位置钻孔才能隐藏水管的细节，有两次他还邀请施工人员参与讨论，甚至还安排人手去买一个加长的钻孔水钻，但它至今也没能实施。最近，柯云风给我看他拍摄这处石庭的照片时（图44），我感慨说若有这些年瀑布水气的滋养，这块巨石就能在视觉上后退，它就更像是嵌入东山的峭壁，而柯云风对此处一开始就有的瀑布计划，一无所知。

如今想来，老闫对面积扩张的兴趣，甚至压倒了他对空间后续如何使用的兴趣。当初，我将美术馆门厅夹层空间设计为办公空间，他觉得这么精彩的空间有些可惜，就决定将其用作展厅的延续，为此还特意让我增加了两部通往二楼的楼梯，后来真正使用的频率却寥寥无几，而为了管理的便利，他不但永久性地废除了两部楼梯，还封闭了另两部楼梯，我颇为得意的那个能连接报告厅屋顶与美术馆夹层的屋顶平台，在我的记忆中，夹层通往平台的大门只在一次开幕式时开过一回；他要求我在门厅东北角加建的一处阁楼（图45），我们彼此都很满意，但也从没按照咖啡厅的最初计划使用，那座能从红青庭直接进入阁楼的楼梯，就一直与阁楼

一样处于锁闭状态，而我在两层楼内分别设计的两处卫生间，连马桶都安好了，他却觉得阁楼里的卫生间太精彩不应当成厕所，我以为，即便是厕所也应景色动人，但他还是拆除了这三个隔间的厕所，他得到了一个不知何用的半圆形空间，也遭遇到后来厕所不敷使用的危机，等他再来找我加建厕所时，我实在没了兴致，只在园中帮他选中一个隐蔽的位置，由他自行设计。

无论如何，相比于美术馆内部空间这些年来不堪入目的改造，这些位于池山附近的改造与加建，还是让庭园部分日渐丰满（图46）。七八年前的一个清晨，我在山北那间我自己挑中的客房内醒来，它正对那个槐序圆洞，开门出来，偶

遇一位儒雅的中年男士，错身之际，他犹豫地问我是不是住在里面，我笑着回答说是，他感慨说真好，但他并没要求进来看看，里面也只是一间陈设简单的普通客房。今天上午，为给这篇文稿补拍几张照片，几乎是在同一位置，我看见一大家人从那几个圆洞中过来，前头一位老人小心翼翼地抱着一位幼儿，路过我的时候，正侧对一旁的老妇低语，说要是能在这个地方住下来，再吃些东西——他没往下说，开始哄怀中的粉红婴儿，在他们身后，一对青年夫妇正搀扶着一位岁数更大的老人，一步步跨过圆洞，缓行而来。

图片目录

图书在版编目（ＣＩＰ）数据

败壁与废墟：建筑与庭园红砖美术馆 / 董豫赣著
. —— 增订版 . —— 上海：同济大学出版社 , 2022.12
（北大园林；1）
ISBN 978-7-5765-0479-8

Ⅰ . ①败… Ⅱ . ①董… Ⅲ . ①美术馆－建筑设计－研
究－中国 Ⅳ . ① TU242.5

中国版本图书馆 CIP 数据核字 (2022) 第 220973 号

败壁与废墟

建筑与庭园 红砖美术馆（增订版）

董豫赣 著

出版人：金英伟
责任编辑：李争
责任校对：徐逢乔
设计制作：付超
版　次：2022 年 12 月第 2 版
印　次：2022 年 12 月第 1 次印刷
印　刷：上海丽佳制版印刷有限公司
开　本：889mm×1194mm 1/24
印　张：5+1/3
字　数：164 000
书　号：ISBN 978-7-5765-0479-8
定　价：59.00 元

出版发行：同济大学出版社
地　址：上海市四平路 1239 号
邮政编码：200092
网　址：http://www.tongjipress.com.cn
经　销：全国各地新华书店